服装实用技术·应用提高

内衣纸样设计与工艺

钟柳花　胡远安　编著

中国纺织出版社

内 容 提 要

本书是一本内衣打板技术图书，书中讲述了内衣的基本知识、内衣的面料及辅料，并重点介绍基本内裤、塑身内裤、普通文胸、调整型文胸的制图方法和款式变化，并对内衣产品的整个生产工艺流程做了详细的介绍。

本书图文并茂，通俗易懂，内容详尽，可供服装院校师生、企业生产技术人员以及内衣爱好者参考学习。

图书在版编目（CIP）数据

内衣纸样设计与工艺 / 钟柳花，胡远安编著. —北京：中国纺织出版社，2015.1（2022.1重印）

（服装实用技术. 应用提高）

ISBN 978-7-5180-1225-1

Ⅰ. ①内… Ⅱ. ①钟… ②胡… Ⅲ. ①内衣—服装设计②内衣—生产工艺 Ⅳ. ①TS941.713

中国版本图书馆CIP数据核字（2014）第269590号

策划编辑：华长印 向映宏 责任编辑：华长印 特约编辑：张棋
责任校对：余静雯 责任设计：何建 责任印制：储志伟

中国纺织出版社出版发行
地址：北京市朝阳区百子湾东里A407号楼 邮政编码：100124
销售电话：010—67004422 传真：010—87155801
http：//www.c-textilep.com
E-mail：faxing@c-textilep.com
中国纺织出版社天猫旗舰店
官方微博http://weibo.com/2119887771
三河市宏盛印务有限公司印刷 各地新华书店经销
2015年1月第1版 2022年1月第6次印刷
开本：787×1092 1/16 印张：11
字数：189千字 定价：32.00元

前言

目前，内衣行业是一个朝阳产业，21世纪是健康产业的天下。随着人们生活水平和健康意识的提高，女性在选择内衣时不但注重漂亮、性感，现在更加注重塑身效果和健康。一件好的文胸应该具有美胸、提升、集中的效果。

作为一个好的内衣设计师，应该首先了解女性的体型，了解内衣的结构原理、变化规律，了解各种面料、辅料的特性。在这个基础上，再加上艺术家的灵感，才能成功设计出一款典雅、美观、舒适并合体的内衣。

本书非常完整地呈现了企业内衣的生产流程，主要包括净样和毛样的制作、生产工艺单、放码等。此书内容的编写严格参照内衣企业发展的需求，采用了企业最新生产工艺。通过本书的学习，你可以设计和裁剪出你想要的任意款型的内衣，但要使它成为一个成熟的可用于生产的内衣板型，则需要经过制板师反复地修板和改板才能达到。通常对于内衣板型的要求是非常精确的，切忌疏忽大意。同时，缝制也需要一定的经验。因为，裁片的精确，加上各部位缝制位置的准确，是制作内衣成功的关键。由于面料的成分不同，弹性系数也不同，即使对于同样的款式，由于使用的面料不一样，相应的板型设计和使用也是不同的。

此书内容涉猎面大、解析详尽，是广大内衣设计人士、爱好者的必备图书。

在本书编写过程中得到了广东省奥丽侬内衣集团有限公司的大力支持和帮助，在此表示衷心的感谢。由于作者水平有限，书中难免存在不完善之处，欢迎读者批评指正。

钟柳花

2014.9

目录

第一章　内衣的基础知识

第一节　量体基础知识

量体，又称人体测量，是指测量人体有关部位的长度、宽度和围度。量体后所得的数据和尺寸，可作为内衣制图或进行裁剪的重要依据，也是制定内衣号型规格标准的基础。测量工具一般选用以厘米为单位的软尺。

一、人体测量注意事项

（1）被测者穿好合适的内衣，立姿端正，双臂下垂，保持自然，不低头，后仰等，以免影响测量的准确性。

（2）使用软尺测量人体时，要适度地拉紧软尺，不宜过紧或过松，要保持测量时纵直横平。

（3）做好测量后的数据记录，特殊体型者除了加量特殊部位尺寸外，还应该特别注明特征和要求。

（4）测量者应注意具体的测量目的，并根据款式设定合理的放松量。

（5）测量完毕后进行数据综合分析。

二、人体测量部位与方法（图1-1、图1-2）

①上胸围：以前腋点为测量点，水平测量一周。

②胸围：经过乳尖点水平环绕胸部一周。

③下胸围：以乳房下边缘的圆形轮廓皮肤最底端为测量点，水平测量一周。

④腰围：围绕腰部最细处水平测量一周。

⑤腹围：以腹凸点为测量点，水平测量一周。

⑥臀围：以人体臀凸点作为测量点，围绕臀凸点水平测量一周。

⑦大腿围：以股下大腿围最粗处作为测量点，水平测量一周。

⑧后杯阔：自乳点沿乳房曲线测量至乳房外边缘所得尺寸。

⑨下杯高：自乳点沿乳房曲线测量至乳房下边缘所得尺寸。

⑩前后立裆长：从前中人体腰围经过臀股沟到后中腰围线测量的垂直距离。

⑪股上长：被测者位于坐姿时，从腰围线沿人体侧面曲线至臀股沟水平位的垂直距离。

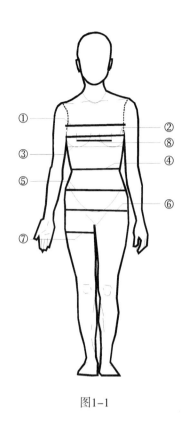

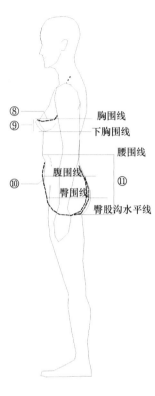

胸围线
下胸围线
腰围线
腹围线
臀围线
臀股沟水平线

图1-1   图1-2

第二节　内衣的分类

　　内衣是指穿在里面的衣服的总称，狭义的内衣仅包括文胸、三角裤、棉毛衫与汗衫等，广义上只要是穿在人体里面的衣服，都可称为内衣，包括文胸、紧身衣、腰封、内裤、紧身裤等。

一、文胸的分类

1. 按罩杯结构分类

　　（1）全罩杯围：可以将全部的乳房包容于罩杯内，具有支撑与提升集中的效果，能保持乳房稳定挺实、舒适、自然，适合乳房丰满及肉质柔软的人，受妊娠期、哺乳期妇女及大龄女性青睐。

　　（2）3/4罩杯围：包住乳房3/4的面积，利用斜向式裁剪，强调侧压力与集中力，鸡心位偏低，承托均匀，性感呈现乳沟，适合大部分女性穿着。

　　（3）1/2罩杯围：包裹乳房一半左右的面积，多为脱带围，具有均匀的承托力，由于前幅不受约束，使胸部看起来更浑圆，适合胸部较娇小的人穿着，鸡心位最高。

　　（4）5/8罩杯围：与3/4罩杯非常相似，适合胸部小巧玲珑的女孩，更显丰满。

2. 按罩杯材料分类

（1）模杯：可分为厚模杯、中模杯、薄模杯、上薄下厚模杯。通过高温处理一次成型，依靠模杯的造型来改善乳房的形状，具有塑造圆润胸型的作用，适合乳房偏小的人穿着。

（2）夹棉杯：一般是 0.2 ~ 0.4cm 的厚度棉，贴压在两层面料之间，通过杯罩裁剪上的变化和下杯缘钢圈的固定制成。透气性好，能缝制成各种杯型，适用范围广。

（3）无棉杯：碗位无夹棉，由单层或双层面料制成，性感迷人，适合胸部浑圆丰满的人穿着。

二、内裤的分类

1. 普通型内裤

（1）三角内裤：是一种短小、呈 Y 形的内裤，呈"倒三角形"。

①低腰型：高度低于肚脐 8cm 以下，称为低腰。

②中腰型：高度在肚脐以下 8cm 内，一般称为中腰。

③高腰型：高度在肚脐或肚脐以上者，称为高腰。

（2）平脚内裤：裤脚不像三角裤那样向上翘，而是齐平，故称平脚裤。

（3）丁字内裤又称 T 形裤、G 弦裤，是覆盖范围较小的三角裤，因为形似"丁"字而得名。

2. 功能型内裤

（1）短束裤：常见的短束裤有点类似中腰型内裤，称为中型收腹裤。

（2）无缝束裤：用料一般是轻巧高弹、自动织边的材料，有无缝效果，可称为轻型收腹裤。

（3）高腰短束裤：是一种深至股下 4 ~ 6cm 的典型束裤，对大腿、臀部、腹部提升有较佳效果。

（4）长型束裤：是一种深至股下 17 ~ 24cm 的长型束裤，对大腿、臀部、腹部提升有较整体的调整机能，对于臀部有下垂现象者有最佳的效果，具有重型收腹作用。

（5）高腰长束裤：普遍在腹部有菱形设计，有收缩胃部突出与小腹之效果，具有很好的塑身作用。

第三节　内衣的号型知识

一、文胸的号型规格

文胸以下围为依据，表示方法一般为：70A、70B、75C、80D 等。其中的数字 70、75、80 等为文胸的号，是指人体下胸围的尺寸为 70cm、80cm、85cm；其中 A、B、C、D 为文胸的型，代表的是人体上胸围与下胸围的差。国际标准：A 型的上下胸围差为 10cm 左右；B 型的胸围差为 12.5cm；C 型的胸围差为 15cm 左右；D 型的胸围差为 17.5cm 左右，如表 1-1 所示。

表1-1 文胸的号型规格表 单位：cm

人体尺寸		号型规格
下胸围	上下胸围差	
68 ~ 73	10cm以下	70A
	10 ~ 12.5cm	70B
	12.5 ~ 15cm	70C
73 ~ 78	10cm以下	75A
	10 ~ 12.5cm	75B
	12.5 ~ 15cm	75C
78 ~ 83	10cm以下	80A
	10 ~ 12.5cm	80B
	12.5 ~ 15cm	80C
83 ~ 98	10 ~ 12.5cm	85B
	12.5 ~ 15cm	85C
	15 ~ 17.5cm	85D

二、内裤的号型规格

内裤的号码需要根据人体臀围的大小来确定，其表示方式有数字和字母两种，数字表达从 79 ~ 108 不等；字母表达方式主要是 SS、S、M、L、XL、XXL 等几种。这两种表示方式有相互对应的关系。如 S 码表示臀围为 84 ~ 88 ㎝，M 码表示臀围为 89 ~ 93 ㎝，如表 1-2、表 1-3 所示。

表1-2 女式内裤规格表 单位：cm

号型规格	SS	S	M	L	XL	XXL
腰围	49 ~ 55	55 ~ 61	61 ~ 67	67 ~ 73	73 ~ 79	79 ~ 87
臀围	79 ~ 83	84 ~ 88	89 ~ 93	94 ~ 98	99 ~ 103	104 ~ 108

表1-3 内裤号型规格国际尺码对照表 单位：cm

西班牙/法国	36	38	40	42	44
欧洲	34	36	38	40	42
意大利	0	1	2	3	4
英国/美国	XS	S	M	L	XL
腰围	60	64	68	72	76
臀围	78	82	86	90	94

三、束裤的号型规格

束裤主要以腰围尺寸为依据，主要有 58、64、70、76、82、90、98、106 等几种规格。束裤的面料以弹力拉架和莱卡面料为主，有一定的弹性，所以腰围以 6cm 为一档，如 58 码的束裤适合腰围 55 ～ 61cm 的女性，70 码的束裤则适合腰围 67 ～ 73cm 的女性。此外，束裤的尺码大小与臀围也有对应关系。臀围以 10cm 为一档，如 58 码的束裤适合臀围 79 ～ 89cm 的女性，如表 1-4 所示。

表1-4　束裤规格表 　　　　　　　　　　　　　　　　　　　单位：cm

号型规格	58/S	64/ M	70/ L	76/ XL	82/ XXL	90/ XXXL
腰围	55 ～ 61	61 ～ 67	67 ～ 73	73 ～ 79	78 ～ 86	86 ～ 94
臀围	79 ～ 89	83 ～ 93	86 ～ 96	89 ～ 99	91 ～ 103	94 ～ 106
大腿围	40 ～ 44	44 ～ 48	48 ～ 52	52 ～ 56	56 ～ 60	60 ～ 64

四、束衣的号型规格

束衣的号型规格是按照人体下胸围尺寸和人体体型（胸腰围的差）来定，表示方法为 A75Y、B75A、C70B 等。其中 A75、B75、C70 等表示胸部的号型，这与文胸是相似的，只是将数字和字母反过来，其中数字后面 Y、A、B 等是指人体体型（胸腰围差）。Y 型的胸腰围差值为 24 ～ 19cm；A 型的胸腰差值为 18 ～ 14cm；B 型胸腰围差值为 13 ～ 9cm。如 A75Y 适合于胸围 88cm、下胸围 75cm、腰围 64 ～ 69cm 的女性，而 C75A 则适合于胸围 90cm、下胸围 75cm、腰围 72 ～ 76cm 的女性。

连身束身衣的号型规格一般按照下胸围尺寸和臀围尺寸来定，可以看作是文胸的号型和一般内裤的号型组合，一般表示为：A65S、B70M、B75L 等。如 A70M 适合于胸围 80cm、下胸围 70cm、臀围 85 ～ 93cm 的女性，而 C75L 则适合于胸围 90cm、下胸围 75cm、臀围 95 ～ 103cm 的女性，如表 1-5 所示。

表1-5　连身束身衣号型规格表 　　　　　　　　　　　　　　　单位：cm

基本身体尺寸			号型规格
下胸围	胸围	臀围	
65	75	80 ～ 88	A65S
70	80	80 ～ 88	A70S
	82.5	85 ～ 93	B70S
	83	85 ～ 93	B70M
75	85	85 ～ 93	A75M
	85	90 ～ 98	A75L

续表

基本身体尺寸			号 型 规 格
下胸围	胸围	臀围	
75	88	95～93	A75M
	88	90～98	A75L
80	90	85～93	A80M
	90	90～98	A80L
	92.5	85～93	B80M
	93	90～98	B80L

第四节　内衣的基本结构及量法

一、内裤的基本结构及量法（图1–3）

（1）1/2腰围：将内裤腰部轻拍以自然松紧状态下沿边缘度量。

（2）侧骨高：在侧缝由腰线量至比围线。

（3）比围：将内裤比围轻拍以自然松紧状态下沿边缘度量。

（4）前中长：从前幅腰线中点垂直量至前浪骨中点。

（5）后中长：从后幅腰线中点垂直量至后浪骨中点。

（6）浪长：前浪骨中点垂直量至后浪骨中点。

（7）前浪骨长：沿前浪骨线度量。

（8）后浪骨长：沿后浪骨线度量。

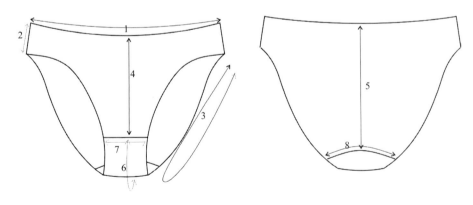

图1–3

二、文胸的基本结构及量法（图1-4）

（1）下胸围：将文胸放平，水平测量。

（2）杯高：由杯下缘底点通过胸高点测量至上杯边。

（3）杯阔：由罩杯心位点经过胸高点测量至侧位点。

（4）下杯边：由罩杯心位沿杯底曲线测量至侧位点。

（5）上杯边：沿杯边曲线测量。

（6）杯骨：杯中间的破缝线，沿杯骨曲线测量。

（7）鸡心上阔：鸡心的上围沿线长。

（8）鸡心下阔：鸡心的下围沿线长。

（9）鸡心高：沿鸡心的中线从上沿线测量至下沿线。

（10）侧高：后拉片近钢圈侧位点处垂直量至下围线。

（11）肩带长：杯顶沿肩带测量至后拉片肩带位（不计比角）。

（12）后拉片上围：沿后拉片上围弧线测量（不计比角）。

（13）后拉片下围：沿后拉片下围弧线测量（不计钩扣）。

（14）夹弯：由罩杯侧位沿曲线测量至杯顶肩带位。

（15）比角：由上比肩带位测量至钩扣（不计钩扣）。

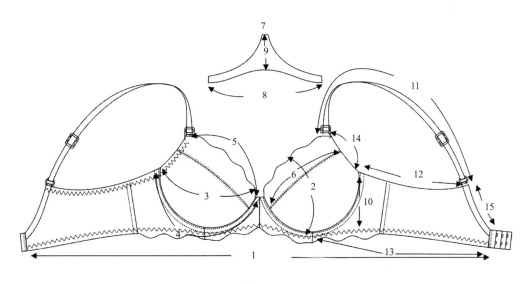

图1-4

三、连身束衣的基本结构及量法（图1-5）

（1）胸围：将连身衣比围轻拍以自然松紧状态下沿腋下胸围线测量。

（2）腰围：将连身衣比围轻拍以自然松紧状态下沿腰围线测量。

（3）臀围：将连身衣比围轻拍以自然松紧状态下沿臀围线测量。

（4）比围：将连身衣比围轻拍以自然松紧状态下沿边缘度量。

（5）腰节长：由肩颈点至腰围线垂直测量。

（6）侧缝长：在侧缝由腋下点量至比围线。

（7）领宽：由两肩颈点之间的距离。

（8）前领深：肩最高点的水平线垂直量至后领最低点。

（9）前中长：从前幅腰线中点垂直量至前浪骨中点。

（10）前浪宽：沿前浪骨线度量。

（11）浪长：前浪骨中点垂直量至后浪骨中点。

（12）后浪宽：沿后浪骨线度量。

（13）小肩宽：沿小肩线度量。

（14）后领深：肩最高点的水平线垂直至后领最低点。

（15）后中：后幅腰线中点垂直量至前浪骨中点。

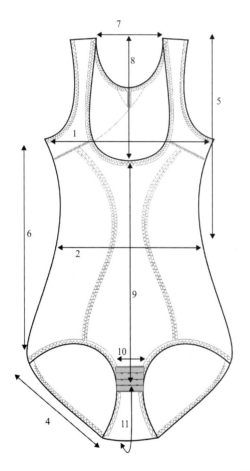
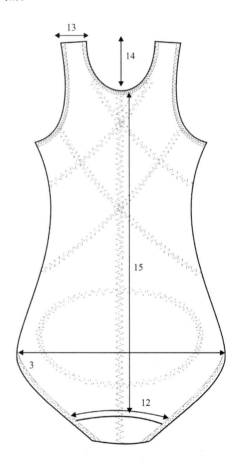

图1-5

第五节 内衣缝制常用车种及特点

表1-6 常用车种及特点

车种		工艺处理	车种特点
人字机车	三针人字车	无缝份拼缝； 杯棉无缝份拼缝； 落丈巾在缝制时，用薄纱条连缀两块无缝份的裁片或棉之字形针迹拼缝，缝后的宽度约为0.5cm	通常三针折合缝纫，三针机的特殊针法保证了织物的弹性
	单针人字车	前幅花边落胶片； 前幅花边低波踏面布； 落耳仔、落肩带、落勾圈、落花仔； 落丈巾、襟丈巾； 落包边丈巾	单车人字机是通过斜向之字形折合缝纫，确保织物的弹力
单针平车		夹碗骨、前中、鸡心顶、下扒； 禁碗骨、禁鸡心顶、禁下扒、禁上碗边； 下扒、鸡心等走线； 上碗、笠棉； 缝合前后浪底线； 定肩带、唛头	一般用于拼缝不需张性的部位，内衣缝份一般为0.5cm。缝纫线迹底面都为一根单线，没有弹性，确保了车缝后产品的稳固性
双针车		开骨、襟骨、捆碗骨、拉钢圈捆条、襟侧骨	缝制时线迹为两行平行明线，双针机是在镶缝钢圈，鱼骨等附件，起到缝合、镶嵌的作用
冚车	双面虾疏	常用于两块面料无缝份的对拼，缝合后双面都有相同的网状线迹	车缝后较平服，底面都是网状线迹，线迹有装饰内衣的作用
	双面底网	通常用于下脚边、裤脚口、袖口等折边处	方便下脚、脚口、袖口等折边工艺，缝制与锁边一道成功，缝制后，面呈两行平行线迹，底呈网状线迹
	单针锁链	通常用于拉捆条、下脚边、裤脚口、袖口等折边工艺	缝制后，面呈单根线迹，底呈单根锁链状线迹
打枣车		1. 用于文胸钢圈两头的封口； 2. 肩带与扣的缝合； 3. 束衣、束裤、保暖衣等着力部位的缝制后，倒缝打枣达到牢固的目的； 4. 有时也用来钉花仔、花牌等	在一个部位反复钉缝起到牢固和不散脱的效果
钉花车		是专门缝制花牌的设备，将花牌和商标钉缝在内衣的所需位置，便于内衣的品牌宣传	将花牌和商标放在内衣的某个部位反复钉缝，起到固定牢固的作用
锁边车	三线钑骨	1. 锁棉边、钑棉垫、钑骨拉丈根，还用于梭织面料的脚边、袖口等边缘锁边； 2. 钑浪胆边、侧骨； 3. 缘部位卷边起波纹，有装饰作用（又称卷边密及）	用于锁边，防止毛边
	四线钑骨	可将两裁片拼缝，常用于针织服装肩缝侧缝的缝合，还有束衣、束裤前后片的中心线处，缝份一般0.2～0.3cm	牢固性较好，可拼缝锁边也一道成功

第二章 内衣的面料及辅料

第一节 内衣的面料

一、内衣常用的面料

1. 棉纤维

天然植物纤维，棉纤维回潮率在 8.5% 左右。其特点为：怕酸耐碱，透气吸湿，缩水率约为 4%～10%，柔软舒适，肤感好。

2. 麻纤维

从各种麻类植物中取得的纤维。其特点为：伸长率小，凉爽，吸湿，透气性好，风格粗犷。

3. 毛纤维

从某些动物身上取得的纤维。由角朊组成的多细胞结构，其特点为：吸水性强，光泽好，保暖性好，抗污性好。

4. 真丝

天然动物纤维。其特点为：怕碱耐酸，质轻，细软，吸湿性较强，保暖性仅次于羊毛，手感凉爽滑软。耐光性差，因而真丝制品在使用过程中应避免在日光下直接晾晒。

5. 黏纤纤维

再生纤维，以天然纤维素（棉短绒即棉花种子上的短绒毛）、木材等为原料，经加工成纺丝原液，再经湿法纺丝制成的人造纤维。其特点为：手感柔软光泽好，吸湿性良好，收缩率大，透气性良好，染色性好，牢度差，弹性差，易折皱。俗称"人造棉""人造丝""人造毛"等。

6. 涤纶

化学纤维，学名"聚对苯二甲酸乙二酯"，简称"聚酯纤维"。其特点为：强度高，弹性好，耐热性和热稳定性好，耐磨性好，耐光性好，耐腐蚀、染色性较差，但色牢度好，不易褪色，吸湿、透气性较差。

7. 锦纶

化学纤维，学名"聚酰胺纤维"，也称尼龙。其特点为：强度高，耐磨性、回弹性好，柔软舒适，色彩鲜艳，日光暴晒后易褪色，强度高，耐磨，吸湿性较差，易产生静电，易起毛结球，不耐热，易变形，易洗快干。

8. **维纶**

化学纤维，学名"聚乙烯醇缩甲醛纤维"。其特点为：吸湿性好，不耐强酸，耐碱，耐磨性、回弹性较差，织物易起皱，染色性较差，色泽不鲜艳。易折皱，耐干热性强，耐湿热性极差，故不可喷水湿烫。

9. **氨纶**

是聚氨基甲酸酯纤维的简称，是一种弹性纤维。其特点为：具有高度弹性，可伸长5～7倍，回弹性好。

10. **莱卡**

其特点为：弹力较好，舒适，持久，柔软，挺括，悬垂性好；抗皱性好，吸湿快干，尺寸稳定性好。

11. **竹纤维**

从自然生长的竹子中提取出的一种纤维素纤维。其特点为：具有良好的透气性，瞬间吸水性，较强的耐磨性和良好的染色性等特性。

12. **莫代尔纤维**

一种高湿模量再生纤维素纤维，该纤维的原料采用欧洲的榉木，先将其制成木浆，再通过专门的纺丝工艺加工成纤维。其特点为：手感柔软，滑爽，悬垂性好，穿着舒适。具有良好的形态与尺寸稳定性，使织物具有天然的抗皱性和免烫性，穿着更加方便，自然。吸湿透气，色牢度好。柔软，光洁，色泽艳丽，织物手感特别滑爽，布面光泽亮丽。

13. **大豆蛋白纤维**

一种再生植物蛋白纤维，是以榨过油的大豆豆粕为原料，利用生物工程技术制作而成。其特点为：手感柔软，有良好的保暖性，亲肤性好，还有明显的抑菌功能，吸湿导湿性好。

二、内衣常用的花边

1. **内衣花边按弹力分为弹力花边与无弹力花边**

（1）弹力花边：指由花边机的提花机构控制经线与纬线相互垂直交织的花边。通常加入氨纶等弹性纤维，因氨纶是不上色的，故常以包芯线的形式出现在花边中。

（2）无弹花边：无弹的花边成分为100%尼龙。无弹花边也叫尼龙花边。

2. **内衣花边按机台工艺分为经编花边、刺绣花边、钩编花边三种**

（1）经编花边：是利用针织的方法在经编机上织制而成，也称针织花边或蕾丝花边。

①拉歇尔花边（英文Raschel）：仿列维斯花边，花型不太复杂，成本较低。

②贾卡花边（英文Jacquard）：电脑控制，层次感较好，但较平，适于春、夏季。

③泰庄尼花边（即压纱花边）：立体感强（不是指厚薄程度），如用双线拧合可形成渐变麻点状，花型较华丽。与列维斯花边相比：牙口较毛糙不齐，用放大镜观察底网，列维斯花边呈麻绳状，而压纱花边呈辫子状。

（2）刺绣花边：在底料上以刺绣形式进行。底物可以是适合机台生产的任何面料。花型线条明快，立体感强，颜色变化无穷，图案大小可根据需要设计，厚重而夸张。

（3）钩编花边：在钩编机上生产，按其外观形态可分为花边带、缨边花边、毛边花边和底摆花边。

3. 按花型的图案可以分为四类：单波花、双波花、全匹花、朵花

（1）单波花边：花型的一面有供裁边的波边，另一面为空网，通常一条花边裁一次边，另外一面为下一条裁边时自然裁成。

（2）双波花边：花型的上下面都有供裁边的波边，两边都有裁边。通常双波花边上下面是对称的，并且对称的两部分横向岔开的距离是花高的一半。但是也有花型对称但不岔开，也有花型完全不对称。

（3）全匹花：用于刺绣生产的网布每匹宽度通常在 150 ～ 160cm。全匹花即是一条花占用整个一匹布的花型，这种花边通常不用裁边。

（4）朵花：四周都要裁边，花型为完全封闭的独立的图案。

第二节　内衣的辅料

内衣辅料对内衣起衬托、连接、缝合、装饰以及标识等辅助作用，包括海绵、钢圈、衬垫、橡筋、定型纱、软纱、肩带、钩扣、饰品、线、唛头等。

一、海绵

一般是 0.2 ～ 0.4cm 的厚度海绵，贴压在两层面料之间，通过杯罩裁剪上的变化和下杯缘钢圈的固定制成，用于做棉杯罩杯位。

二、钢圈

钢圈有支撑和改善乳房的形状和定位作用。钢圈按照外形特征、心位和侧位形态可以分为高胸型钢圈、普通型钢圈、低胸型钢圈、连鸡心钢圈等类型。

三、衬垫

内衣的衬垫主要弥补人体造型，将胸部集中，使胸部更加丰满，在罩杯的下杯或侧下杯增加棉袋、水袋、气袋等，它们可以固定，也可以作为插片，根据需要随时调整。

四、橡筋

橡筋又名丈根，具有很强的弹力。其宽窄不一，造型各异，通常用于文胸的下围、肩部，内裤的腰围、裤比等部位，增加这些部位的弹力和伸缩性能。常用的橡筋有牙巾、包边巾、橡胶巾等。

五、定型纱、软纱

定型纱呈网状、很薄、透明且无弹力，用来固定内衣中的某些部位，使其不易变形。如文胸的鸡心、骨衣的前片等；软纱多用于单层文胸之中，同定型纱一样呈网状，很薄、透明，但有一定弹力。

六、肩带

肩带的作用是长度调节，提拉乳房，起到承托作用。

七、圈扣

主要是调节肩带的长短。常用的圈扣有 9 扣、0 扣、8 扣等。

八、钩扣

根据下胸围的尺寸进行调节，一般有三个扣可供选择，分别是双排扣、三排扣、四排扣。

九、饰品

饰品是指内衣上的装饰物，形状细小精致，如丝带、花仔、吊坠等。

十、线

内衣制作过程中，经常使用的三种线是：棉线、尼龙线、丝光线。棉线是用棉花纤维搓纺而成的线，在内衣制作中一般作为面线使用；尼龙线是尼龙材质纱线捻合而成，生产出来的线有一定拉伸力、拉力较强、有光泽、耐高温，价格便宜，在内衣制作中一般作为底线使用；丝光线是用氢氧化钠（烧碱）溶液进行丝光处理的棉缝纫线，含有部分涤纶之类的化纤成分，属于合成纤维类纱线。丝光线拥有光泽好、线路平滑、无弹性、拉力强、着色牢固、耐水洗等特点。由于其亮度高，色泽好，经常作为装饰面线被使用于服装表面，以增加美感。一般作为束衣及束裤的装饰面线使用。

十一、唛头

唛头按生产工艺不同，分印唛和织唛两种。织唛由于其生产方式类似于织布的方式，所以产量没有印唛高，但是耐水洗，不宜褪色，产品显得较为高档。印唛因为其采用印刷的方式，所以色彩丰富饱满、艳丽，清晰度高，产品较为时尚。

1. 织唛

内衣的织唛分为绢面和缎面（平面）织唛。

（1）绢面是用木梭机来织的，质地比较密，手感滑，效果好，不会有刮肉现象，但成本要高。

（2）缎面（平面）是用电脑机织的，织好后再热切或超声切边，如果切得不好会出现刮肉的问题，而且密度较疏。

2. 印唛

印唛是相对于织唛而言的，印唛就是印刷的商标，包括洗水唛也称洗唛或者水唛，还包括尺码标或者称尺码唛以及服装吊牌上的合格证。目前越来越多的服装厂把主唛做成印刷的方式，材质包括丝带、棉带、织带、色丁布、棉布等，这些主唛也称为印唛。

第三章 典型内裤款式纸样与工艺

第一节 女士内裤基本纸样与工艺

一、三角内裤基本纸样与工艺

1. 根据YZ01#款式图及M码规格绘制1：1比例工业纸样

（1）YZ01#款式图，如图3-1所示。

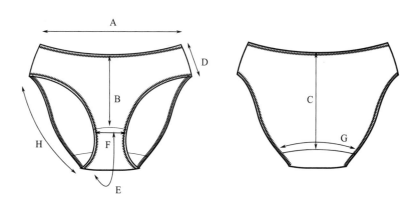

图3-1

（2）成品尺寸，如表3-1所示。

表3-1 成品尺寸 单位：cm

A腰围/2/拉度	30/45	C后中长	18	E底裆长	12	G后裆宽	13
B前中长	14	D侧缝长	8	F前裆宽	7	H脚口/2	21.5

（3）采用的材料：主面料采用弹力布、里浪为平纹汗布。

（4）工艺分析：腰头、脚口采用三针拉丈巾工艺，前后浪、侧骨采用四线钑骨工艺。

（5）制图方法，如图3-2所示。

①纸样腰围/4包含腰头工艺回缩量，工艺回缩量按照每10cm成品含1cm的比例取值。腰围/4腰头纸样尺寸为16.5cm，脚口工艺回缩量同样按照这一比例处理。

②注意前后片与底裆拼接处平滑圆顺。

③腰头弧线的起翘高度一般为1.5～2cm，后浪弧线的起翘高度一般为1.2～1.5cm。

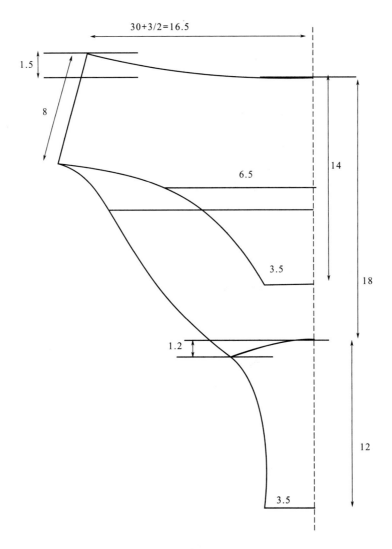

图3-2

（6）纸样检查：检查脚口弧线，如图 3-3 所示。

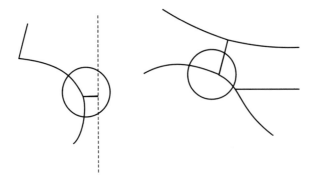

图3-3

（7）制作面料裁剪样板（前幅和底浪），如图3-4所示。

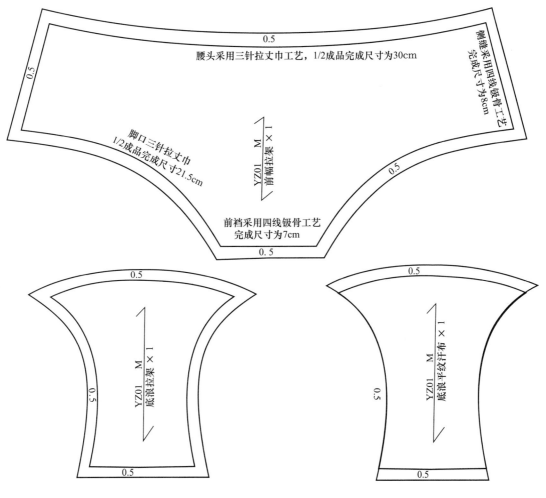

图3-4

后幅，如图3-5所示。

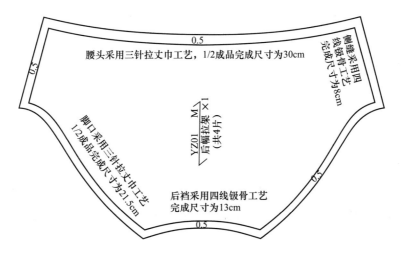

图3-5

（8）产品工艺表，如表3-2所示。

表3-2

盐步职业技术学校							
产品工艺表							
客款号：YZ01			款式：三角内裤				
公司款号：××		日期	201×年×月×日				
序号	工序名称	车种	针型	缝份（cm）	面/底线	针数（3cm）	工艺要求
1	四线埋包前后浪	锁骨车	DC×1 10#	0.5	尼龙线/尼龙线	18	头尾对齐，线路靓完成圆顺，不可爆口，不可拉断线
2	四线锁左右侧骨	锁骨车	DC×1 10#	0.5	针线/尼龙线	18	头尾对齐，线路靓，缝份均匀，完成顺直，对称
3	三针拉裤比丈巾	三针车	DP×5 10#	0.5	针线/针线	6个山 0.5高	三针线落于丈巾中，线路靓，不可盖芽或露芽，前幅骨骨位倒向侧幅，缩位均匀，完成左右对称，量尺寸，拉不断线
4	三针拉裤腰丈巾连放唛头	三针车	DP×5 10#	0.5	针线/针线	6个山	三针线落于丈巾中，线路靓，不可盖芽或露芽靓，缩位均匀，侧骨、前侧骨骨位倒向后幅，唛头放于中后刀口位，不可歪斜或错码，完成量尺寸，左右对称，拉不断线
5	打枣×3	打枣车	DP×5 10#		针线/针线		沿边锁，线路靓，枣阔跟丈巾阔。完成左右对称
6	剪线	手工					剪掉多余的线头，不可剪烂货，拉断浪侧单针线
7	查货	手工					全件货每个部位按尺寸要求查，干净、平服、缝份均匀、线路靓、左右对称、不可拉断线
8	包装	手工					按制单要求包装
9	1. 留意尺寸要准确、整洁、平服、对度要一致、不能拉断线（以拉尽布不断线为准）；2. 留意布料易钩纱、烂；3. 勤换针						

制表：　　　　　　　审核：　　　　　　　批准：

2. 推板

档差：腰围4cm、前中1cm、后中1cm、底浪通用。

（1）前幅放码，如图3-6所示。

（2）后幅放码，如图3-7所示。

3. 课后作业

根据提供的内裤款式图（图3-8）和尺寸（表3-3）绘制M码1：1比例工业纸样。

注：面料为莫代尔，平纹汗布；腰头、脚口采用三针拉丈巾工艺，侧骨、前后浪采用四线锁骨工艺。

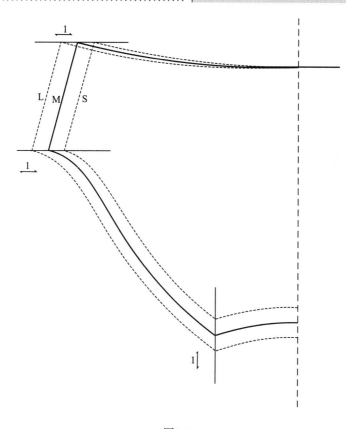

图3-6

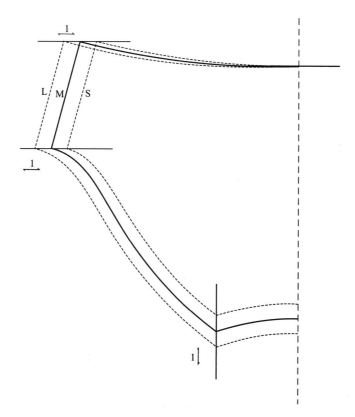

图3-7

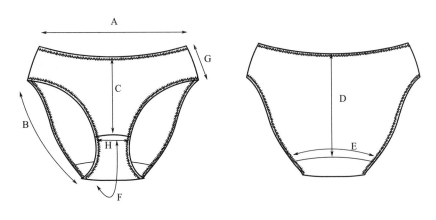

图3-8

表3-3
单位：cm

名称	尺寸 / 码数	38	40	42
A	1/2腰头	27	29	31
B	1/2裤脚	21.5	23	24.5
C	前中长	14	15	16
D	后中长	17	18	19
E	后裆宽	13	13	13
F	浪长	12	12	12
G	侧缝长	5	5.5	5.5
H	前裆宽	7	7	7

二、花边三角内裤纸样与工艺

1. 根据YZ02#款式图及M码规格绘制1：1比例工业纸样

（1）YZ02# 款式图，如图 3-9 所示。

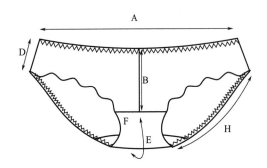
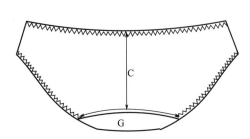

图3-9

（2）成品尺寸，如表3-4所示。

表3-4

单位：cm

A腰围/2/拉度	30/45	C后中长	17	E底裆长	13	G后裆宽	13
B前中长	14.5	D侧缝长	4.5	F前裆宽	7	H脚口/2	23.5

（3）采用的材料：主面料采用弹力布、弹力花边，里浪为平纹汗布。

（4）工艺分析：腰头、脚口采用三针拉丈巾工艺，前后浪、侧骨、前中采用四线钑骨工艺。

（5）制图说明。

①纸样腰围/4包含腰头工艺回缩量，工艺回缩量按照每10cm成品含1cm的比例取值。腰围/4腰头纸样尺寸为16.5cm，脚口工艺回缩量同样按照这一比例处理。

②前幅花边纸样要注意取花边的宽度，注意花边的制图要求。

③注意前后片与底裆拼接处平滑圆顺。

④腰头弧线的起翘高度一般为1.5～2cm，后浪弧线的起翘高度一般为1.2～1.5cm。

（6）纸样制作：前幅花边净纸样的制作，如图3-10所示。

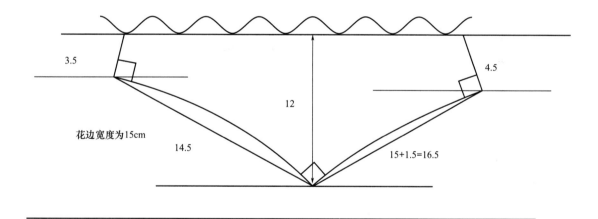

图3-10

后幅净纸样的制作，如图3-11所示。

（7）检查纸样，脚口弧线，如图3-12所示。

（8）制作面料裁剪样板。

前幅、底浪，如图3-13所示。

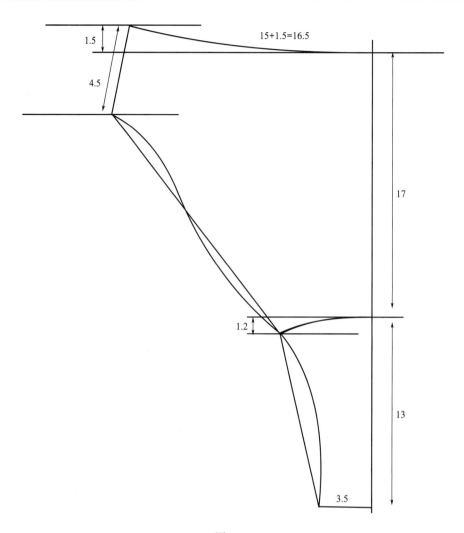

1.5

4.5

15+1.5=16.5

17

1.2

13

3.5

图3-11

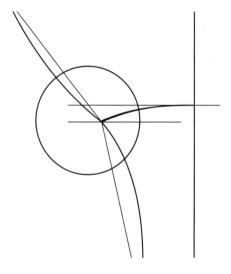

图3-12

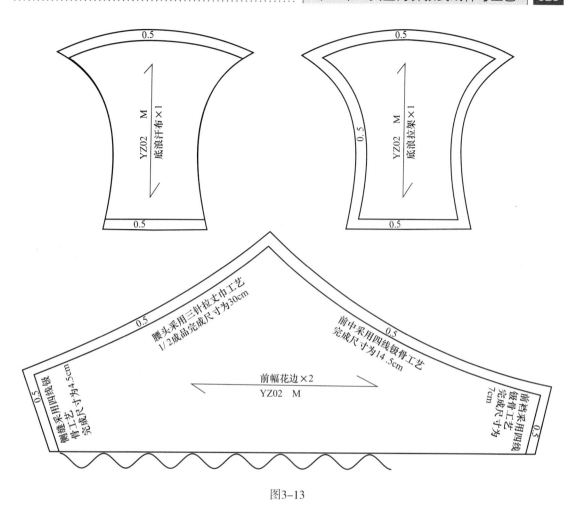

图3-13

后幅，如图 3-14 所示。

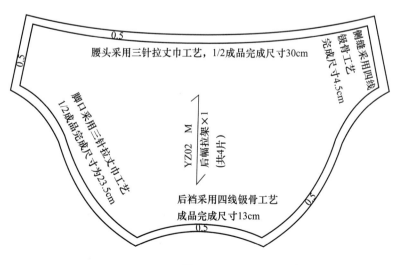

图3-14

（9）产品工艺表，如表3-5所示。

表3-5

盐步职业技术学校							
产品工艺表							
客款号：YZ02			款式：花边三角内裤				
公司款号：××			日期：	201×年×月×日			
序号	工序名称	车种	针型号	缝份（cm）	面/底线	针数（3cm）	工艺要求
1	四线钑前中	钑骨车	DC×1 10#	0.5	针线/尼龙	18	头尾对齐，线路靓，缝份均匀，完成顺直
2	四线埋包前后浪	钑骨车	DC×1 10#	0.5	尼龙线	18	头尾对齐，中骨对刀口，线路靓完成圆顺，不可爆口，不可拉断线
3	四线钑左右侧骨	钑骨车	DC×1 10#	0.5	针线/尼龙	18	头尾对齐，线路靓，缝份均匀，完成顺直，对称
4	三针拉裤比丈巾	三针车	DP×5 10#	0.5	针线	6个山	三针线落于丈巾中，线路靓，不可盖芽或露芽，前幅骨骨位倒向侧幅，缩位均匀，完成左右对称，量尺寸，拉不断线
5	三针拉裤腰丈巾连放唛头	三针车	DP×5 10#	0.5	针线	6个山	三针线落于丈巾中，线路靓，不可盖芽或露芽靓，缩位均匀，侧骨骨位倒向后幅，唛头放于后中刀口位，不可歪斜或错码，完成量尺寸，左右对称，拉不断线
6	打枣×3	打枣车	DP×5 10#		针线	36针	沿边锁，线路靓，枣阔跟丈巾阔，完成左右对称
7	剪线	手工					剪掉多余的线头，不可剪烂货，拉断浪侧单针线
8	查货	手工					全件货每个部位按尺寸要求查，干净、平服、缝份均匀、线路靓、左右对称、不可拉断线
9	包装	手工					按制单要求包装
10	1. 留意尺寸要准确、整洁、平服、对度要一致、不能拉断线（以拉尽布不断线为准）；2. 留意布料易钩纱、烂；3. 勤换针						

制表： 审核： 批准：

2. 推板

档差：腰围4cm、前中1cm、后中1cm、底浪通用。

（1）后幅放码，如图3-15所示。

（2）前幅放码，如图3-16所示。

3. 课后作业

根据提供的内裤款式图（图3-17）和尺寸（表3-6）绘制M码1：1比例工业纸样。

注：面料为莫代尔、花边，平纹汗布；腰头、脚口采用三针拉丈巾工艺，侧骨、前后浪采用四线钑骨工艺。

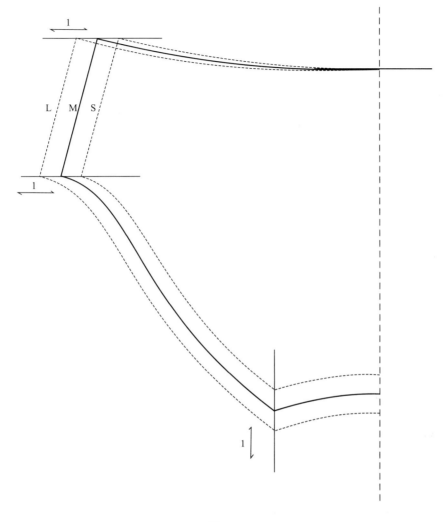

图3-15

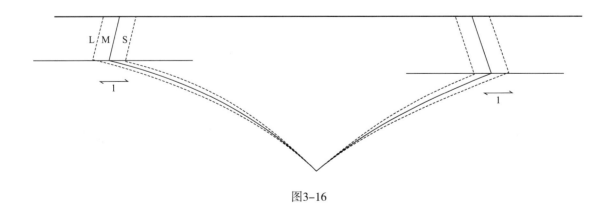

图3-16

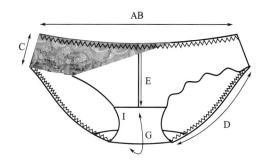
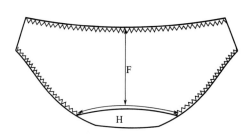

图3-17

表3-6　　　　　　　　　　　　　　　　　　　　　　　　单位：cm

名称	尺寸 / 码数	S	M	L	±cm
A	1/2腰头	26	28	30	1
B	1/2腰头拉度	39	42	45	1.5
C	侧缝长	8	8	8	0.5
D	1/2裤比	18	19	20	0.5
E	前中长	12	13	14	0.5
F	后中长	16	17	18	0.5
G	裆长	12	12	12	0.3
H	后裆宽	7	7	7	0.2
I	前裆宽	14	14	14	0.2

三、三角内裤变化款式纸样与工艺

1. 根据YZ03#款式图及M码规格绘制1：1比例工业纸样

（1）YZ03# 款式图，如图 3-18 所示。

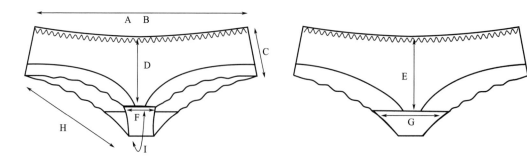

图3-18

（2）成品尺寸，如表3-7所示。

表3-7

单位：cm

AB腰围/2/拉度	33/47	D前中长	11	F前裆宽	7	H脚口/2	21.5
C侧缝长	10	E后中长	18.2	G后裆宽	7	I底裆长	11.5

（3）采用的材料：主面料采用棉拉架布、弹力花边，里浪为平纹汗布。

（4）工艺分析：腰头采用三针拉丈巾工艺，前后浪、侧骨、前中采用四线钑骨工艺。

（5）制图说明。

①纸样腰围/4包含腰头工艺回缩量，工艺回缩量按照每10cm成品含1cm的比例取值。腰围/4腰头纸样尺寸为18cm，脚口工艺回缩量同样按照这一比例处理。

②注意前后幅脚口花边纸样的制图。

③腰头弧线的起翘高度一般为1.5～2cm，后浪弧线的起翘高度一般为1.2～1.5cm。

④前后浪都为7cm。

（6）净纸样的制作，如图3-19所示。

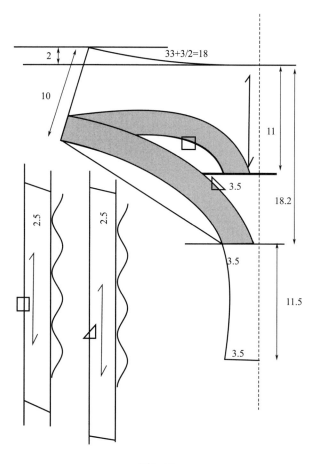

图3-19

（7）制作面料裁剪样板。

后幅、底浪，如图3-20所示。

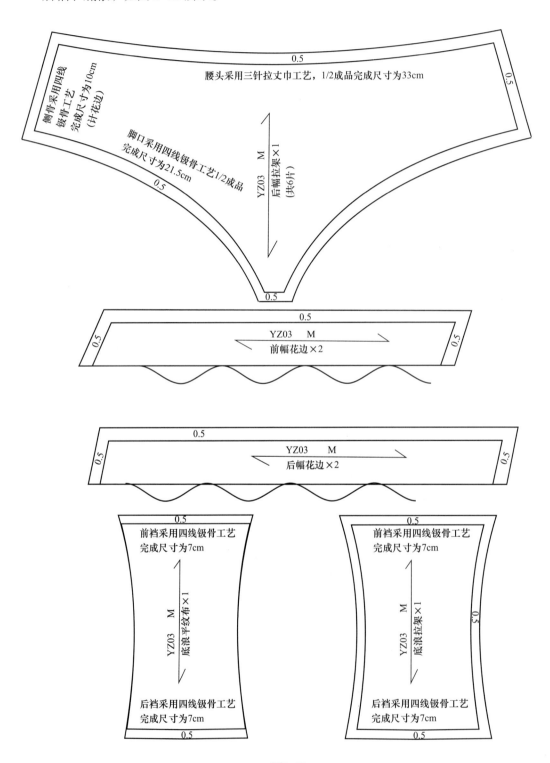

图3-20

前幅，如图3-21所示。

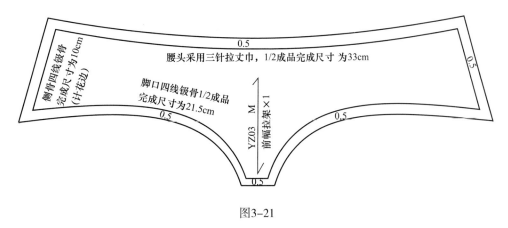

图3-21

（8）产品工艺表，如表3-8所示。

表3-8

盐步职业技术学校							
产品工艺表							
客款号：YZ03			款式：变化花边三角内裤				
公司款号：××			日期：		201×年×月×日		
序号	工序名称	车种	针型	缝份（cm）	面/底线	针数（3cm）	工 艺 要 求
1	四线钑前后脚口花边	钑骨车	DC×1 10#	0.5	针线/尼龙线	18	头尾对齐，线路靓，缝份均匀，完成顺直
2	四线埋包前后浪	钑骨车	DC×1 10#	0.5	尼龙线	18	浪两侧预留0.5cm，线路靓完成圆顺，不可爆口
3	四线钑左右侧骨	钑骨车	DC×1 10#	0.5	针线/尼龙线	18	头尾对齐，线路靓，缝份均匀，完成顺直
4	三针拉裤腰丈巾连放唛头	三针车	DP×5 10#	0.5	针线	6个山	三针线落于丈巾中，线路靓，不可盖芽或露芽靓，缩位均匀，侧骨骨位倒向后幅，唛头放于后中刀口位，不可歪斜或错码，完成量尺寸，左右对称，拉不断线
5	打枣×3	打枣车	DP×5 10#		针线		裤比收入级骨线沿边锁，线路靓，枣阔跟丈巾阔，完成左右对称
6	剪线	手工					剪掉多余的线头，不可剪烂货，拉断浪侧单针线
7	查货	手工					全件货每个部位按尺寸要求查，干净、平服、缝份均匀、线路靓、左右对称、不可拉断线
8	包装	手工					按制单要求包装
9	1. 留意尺寸要准确、整洁、平服、对度要一致、不能拉断线（以拉尽布不断线为准）；2. 留意布料易钩纱、烂；3. 勤换针						

制表：　　　　　审核：　　　　　批准：

2. 推板

档差：腰围 4cm、前中 1cm、后中 1cm 底浪通用。

（1）前后幅放码，如图 3-22 所示。

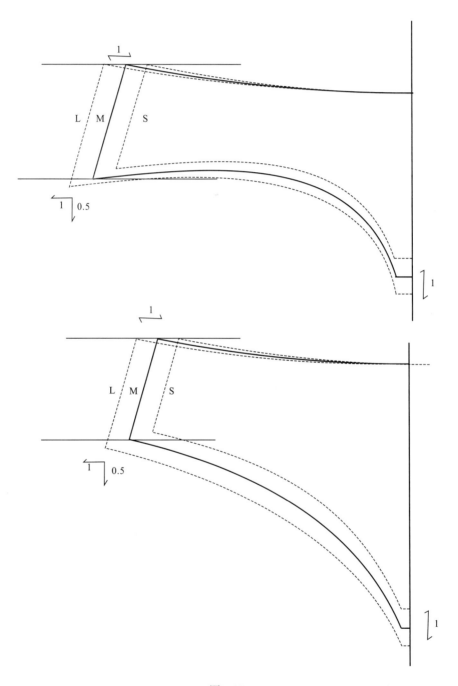

图3-22

（2）脚口花边放码，如图3-23所示。

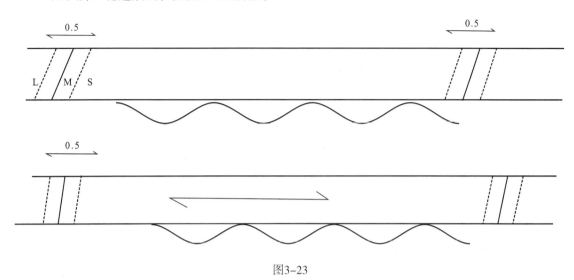

图3-23

3．课后作业

如图3-24所示款式图，自定尺寸出1：1比例纸样。

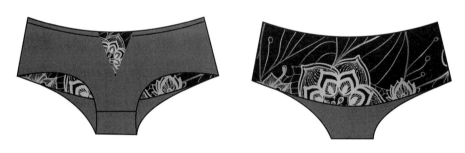

图3-24

四、平角内裤纸样与工艺

1．根据YZ04#款式图及M码规格绘制1：1比例工业纸样

（1）YZ04#款式图，如图3-25所示。

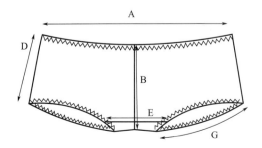
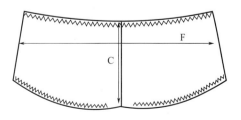

图3-25

（2）成品尺寸，如表3-9所示。

表3-9　　　　　　　　　　　　　　　　　单位：cm

| A腰围/2/拉度 | 30/45 | C后中长 | 26 | E档宽 | 7 | G脚口/2 | 22 |
| B前中长 | 14.5 | D侧缝长 | 13 | F臀围/2 | 36 | | |

（3）采用的材料：主面料采用弹力布，里浪为平纹汗布。

（4）工艺分析：腰头、脚口采用三针拉丈巾工艺，浪骨位、侧骨采用四线钑骨工艺。

（5）制图说明。

①纸样腰围/4包含腰头工艺回缩量，工艺回缩量按照每10cm成品含1cm的比例取值。腰围/4腰头纸样尺寸为16.5cm，脚口工艺回缩量同样按照这一比例处理。

②注意前后幅脚口花边纸样的制图。

③腰头弧线的起翘高度一般为1.5～2cm，后浪弧线的起翘高度一般为1.2～1.5cm。

④前后中弧线的处理是关键。

⑤检查脚口的弧线是否圆顺。

（6）净纸样的制作，如图3-26所示。

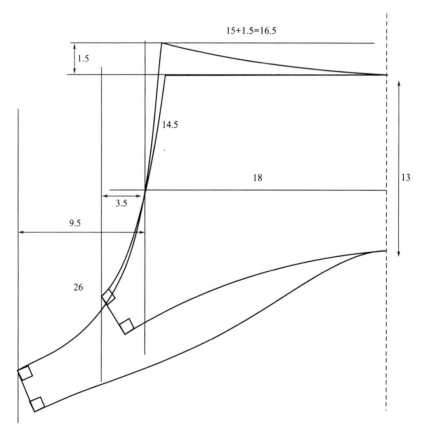

图3-26

（7）检查，脚口弧线以及前后中弧线，如图3-27所示。

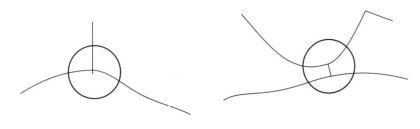

图3-27

（8）制作面料裁剪样板，如图3-28所示。

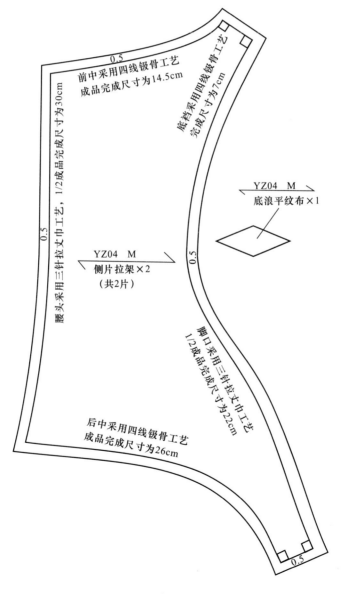

图3-28

（9）产品工艺表，如表3-10所示。

表3-10

盐步职业技术学校							
产品工艺表							
客款号：YZ04			款式：平角内裤				
公司款号：××			日期：201×年×月×日				
序号	工序名称	车种	针型号	缝份（cm）	面/底线	针数（3cm）	工 艺 要 求
1	四线钑前，后中骨	钑骨车	DC×1 10#	0.5	针线/尼龙线	18	腰头起钑，头尾对齐，线路靓，完成顺服与原裁片等长
2	三线钑浪底平纹布两头	钑骨车	DC×1 10#	0.4	针线/尼龙线	21	平纹布面放上扎，线路靓，完成平服，与原裁片等长
3	四线钑浪底骨	钑骨车	DC×1 10#	0.5	针线/尼龙线	18	前幅放面级，前后中骨位要对中，骨位按级骨正面分开两侧，线路靓
4	单针订浪布	单针车	DB×1 8#（圆嘴）	0.2	针线/针线	12	刀口对骨位，沿边车缝，线路要靓，完成平服，左右对称
5	三针拉裤头丈巾	三针车	DP×5 10#	0.5	针线/针线	6个山	按缝份拉丈巾，驳口于后中骨要完全重叠，线路靓，缝份均匀，完成量尺寸，拉不断线
6	三针拉裤比丈巾连放唛头	三针车	DP×5 10#	0.5	针线/针线	6个山	驳口在浪位，按缝份拉丈巾，线路靓，缝份均匀，完成量尺寸，拉不断线
7	剪线	手工					剪掉多余的线头，不可剪烂货。拉、挑浪底、前幅单针线
8	查货	手工					全件货每个部位按足尺寸要求车，干净，缝份均匀，线路靓。左右对称
9	包装	手工					按制单要求包装
10	1. 留意尺寸要准确、整洁、平服、对度要一致、不能拉断线（以拉尽布不断线为准）； 2. 留意布料易钩纱、烂； 3. 勤换针						

制表：　　　　　　审核：　　　　　　　　　　批准：

2. 推板

档差：腰围4cm、前中1cm、后中1cm、侧骨1cm、脚口2cm底浪通用。

（1）前幅放码，如图3-29所示。

（2）后幅放码，如图3-30所示。

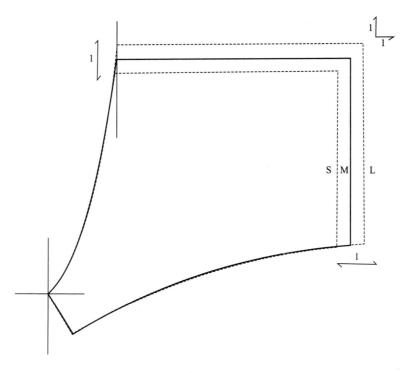

图3-29

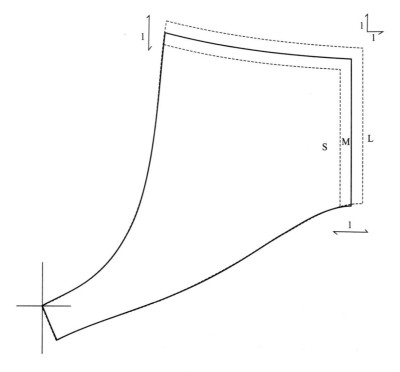

图3-30

3．课后作业

根据提供的 YZLX04# 内裤款式图（图 3-31）和尺寸（表 3-11）绘制 M 码 1：1 比例工业纸样。

注：面料为拉架棉，里浪为平纹汗布；腰头、脚口采用三针拉丈巾工艺，侧骨、前后浪采用四线钣骨工艺。

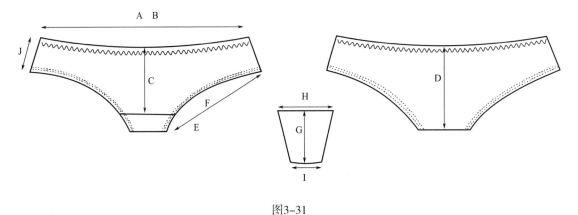

图3-31

表3-11　　　　　　　　　　　　　　　　　　　　　　　　单位：cm

名称\\尺寸\\码数		S	M	L	XL	±cm
A	1/2腰头松度	31.5	33	35.5	38	1
B	1/2腰头拉度	48.5	50	52.5	55	1
C	前中长	17.5	18.5	19.5	20.5	0.5
D	后中长	21	22	23	24	0.5
E	1/2裤比松度	25	26	27.5	29	1
F	1/2裤比拉度	39	40	41.5	43	1
G	裆长	11.5	11.5	11.5	11.5	0.5
H	前裆宽	7.5	7.5	7.5	7.5	0.5
I	后裆宽	7	7	7	7	0.5
J	侧骨	8.5	8.5	8.5	8.5	0.5

五、平角内裤款式变化纸样与工艺

1．根据YZ05#款式图及M码规格绘制1：1比例工业纸样

（1）YZ05# 款式图，如图 3-32 所示。

（2）成品尺寸，如表 3-12 所示。

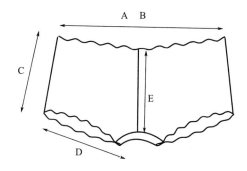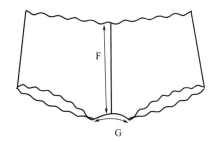

图3-32

表3-12 单位：cm

AB腰围/2/拉度	26/39	DC脚口/2	24	F后中长	19
C侧缝长	14	E前中长	16	G档宽	7

（3）采用的材料：主面料采用弹力花边，里浪为平纹汗布。

（4）工艺分析：腰头、脚口采用三针拉丈巾工艺，浪骨位、前中采用四线锁骨工艺。

（5）制图说明。

①纸样腰围/4包含腰头工艺回缩量，工艺回缩量按照每10cm成品含1cm的比例取值。腰围/4腰头纸样尺寸为14cm，脚口工艺回缩量同样按照这一比例处理。

②注意花边的宽度。

③注意腰头、脚口花波位。

④前后中弧线的处理是关键。

⑤前后中弧线拼合后弧线是否圆顺。

（6）净纸样的制作，如图3-33所示。

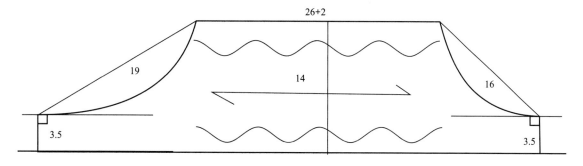

图3-33

（7）制作面料裁剪样板，如图3-34所示。

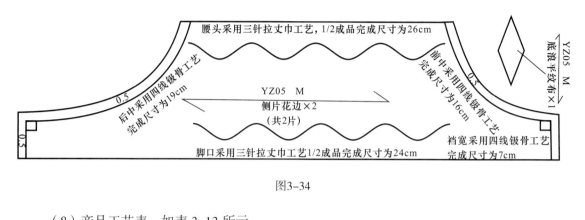

图3-34

（8）产品工艺表，如表3-13所示。

表3-13

盐步职业技术学校							
产品工艺表							
客款号：YZ05			款式：平角内裤				
公司款号：××			日期：201×年×月×日				
序号	工序名称	车种	针型号	缝份（cm）	面/底线	针数（3cm）	工艺要求
1	四线钑浪底平纹布两头	钑骨车	DC×1 10#	0.3	针线/尼龙线	21	平纹布面放上扎，线路靓，完成平服，与原裁片等长
2	四线钑前后中骨	钑骨车	DC×1 10#	0.5	针线/尼龙线	21	腰头起钑，首尾对齐，线路靓，完成顺服与原裁片等长
3	四线钑浪底骨	钑骨车	DC×1 10#	0.5	针线/尼龙线	21	前幅放面钑，前后中骨位要对中，骨位按级骨正面分开两侧，线路靓
4	单针订浪布	单针车	DB×1 8#（圆嘴）	0.2	针线/针线	12	按刀口沿边车缝，线路调松，完成平服，左右对称
5	三针拉裤头丈巾连放唛头	三针车	DP×5 10#		针线/针线	6个山	按缝份拉丈巾，驳口于后中骨要完全重叠，线路靓，缝份均匀，完成量尺寸，拉不断线
6	三针拉裤比丈巾	三针车	DP×5 10#		针线/针线	6个山	按缝份拉丈巾，线路靓，缝份均匀，完成量尺寸，拉不断线
7	剪线	手工					剪掉多余的线头，不可剪烂货。拉、挑浪底、前幅单针线
8	查货	手工					全件货每个部位按足尺寸要求车，干净，缝份均匀，线路靓，左右对称
9	包装	手工					按制单要求包装
10	1. 留意尺寸要准确、整洁、平服、对度要一致、不能拉断线（以拉尽布不断线为准）； 2. 留意布料易钩纱、烂； 3. 勤换针						

制表：　　　　　　审核：　　　　　　　　批准：

2. 推板

档差：腰围 4cm、前中 1cm、后中 1cm、底浪通用。

放码如图 3-35、图 3-36 所示。

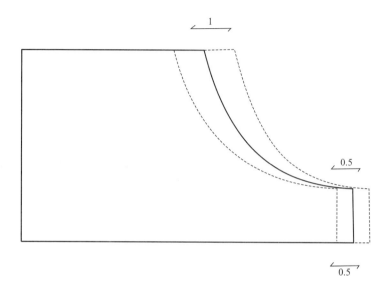

图3-35

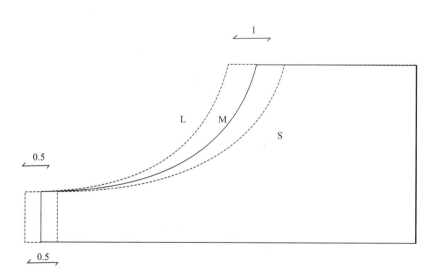

图3-36

3. 课后作业

根据提供的内裤款式（图 3-37）和尺寸（表 3-14）绘制 M 码 1：1 比例工业纸样。

注：面料为拉架棉、弹力花边，里浪为平纹汗布；腰头、脚口采用三针拉丈巾工艺，侧骨、前后浪采用四线钑骨工艺。

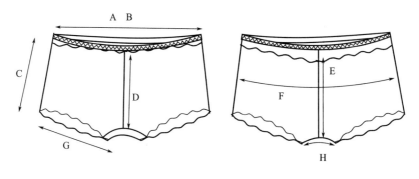

图3-37

表3-14   单位：cm

尺寸名称	码数	S	M	L	XL	± cm
A	1/2腰头松度	26	28	30	32	1
B	1/2腰头拉度	48.5	50	52.5	55	1
C	侧缝长	17.7	18	18.3	18.6	0.5
D	前中长	15	16	17	18	0.5
E	后中长	25	26	27	28	1
F	臀围	31.8	34	36.2	38.4	1
G	1/2裤比	20.5	21	21.5	22	0.5
H	档宽	7	7	7	7	0.5

六、束身裤纸样与工艺

1. 根据YZ06#款式图及M码规格绘制1：1比例工业纸样

（1）YZ06# 款式图，如图 3-38 所示。

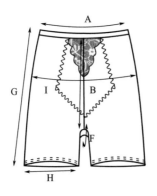
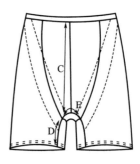

图3-38

（2）成品尺寸，如表 3-15 所示。

表3-15

单位：cm

A腰围/2/拉度	27/41	C后中长	27	E后裆宽	9	G侧缝长	38	I臀围/2	36
B前中长	22	D内长	15	F底裆长	6.5	H脚口/2	16		

（3）采用的材料：主面料为弹力布网拉、花边、里浪为平纹汗布。

（4）工艺分析：腰头采用人字拉襟丈巾工艺，裤脚采用冚车冚裤脚工艺，浪骨位、前中、后中采用四线钑骨工艺。

（5）制图说明。

①纸样腰围 /4 包含腰头工艺回缩量，工艺回缩量按照每 10cm 成品含 1cm 的比例取值。腰围 /4 腰头纸样尺寸为 15cm，脚口工艺回缩量同样按照这一比例处理。

②注意裆宽弧线的处理。

③后幅破开处要注意比例的分配。

④脚口弧线拼合后弧线是否圆顺。

（6）净纸样的制作，如图 3-39 所示。

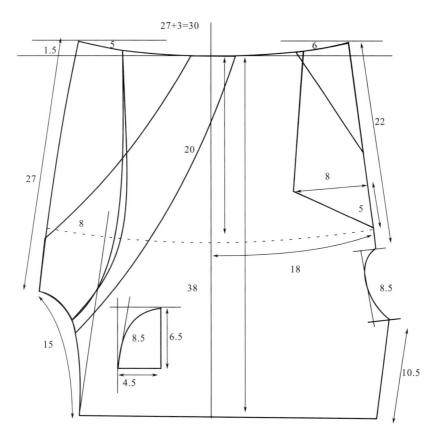

图3-39

（7）制作面料裁剪样板，如图3-40、图3-41所示。

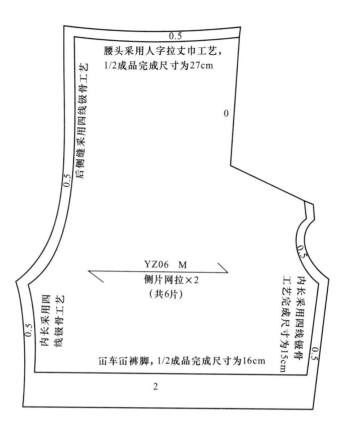

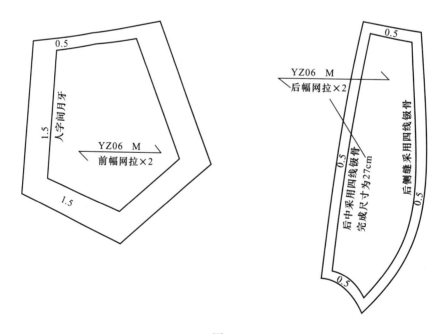

图3-40

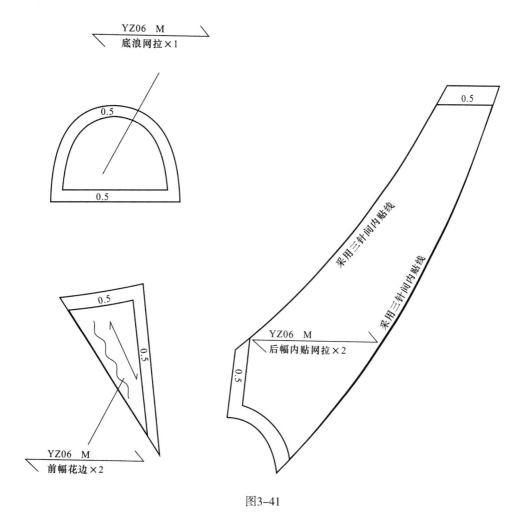

图3-41

（8）产品工艺表，如表3-16所示。

表3-16

盐步职业技术学校								
产品工艺表								
客款号：YZ06				款式：束裤					
公司款号：××				日期：		201×年×月×日			
序号	工序名称	车种	针型	缝份（cm）	面/底	针数（3cm）	工艺要求	
1	单针走前幅花边	单针车	DB×1 10#	0.2	针线/针线	12	放松线路，对准刀，完成平服，不可起泡	
2	人字行前幅花边	人字车	DP×5 10#		针线/尼龙线	12山/0.3cm高	沿花波位行花，线路靓，不可落坑或起耳仔完成平服拉不断线	
3	手工挑前幅单针线						挑掉前幅波位的单针线，不可挑烂货	

续表

序号	工序名称	车种	针型	缝份（cm）	面/底	针数（3cm）	工艺要求
4	单针走后幅内贴	单针车	DB×1 10#	0.2	针线/针线	0.2	两块对齐沿边车，放松线路，对刀口，完成平服，不可起泡
5	三针间后幅内贴线	三针车	DP×5 10#		针线/针线	6个山/0.6cm高	沿内贴缝份0.2cm行，不可上坑或落坑，起耳仔，线路靓，完成平服，拉不断
6	手工挑后幅单针线						挑掉前幅波位的单针线，不可挑烂货
7	单针互搭前幅	单针车	DB×1 10#	1.5	针线/针线	12	搭1.5cm缝份，缝份均匀平服线路靓，要对称
8	人字行前幅月牙	人字车	DP×5 10#		针线/尼龙线	波长1.5cm	高波距边0.2cm车，线路要靓，完成平服，不可皱
9	四线钑前浪底	钑骨车	DC×1 10#	0.5	针线/尼龙线	18	出入口对齐，缝份均匀，线路靓，完成圆顺，拉不断线
10	四线钑后中	钑骨车	DC×1 10#	0.5	针线/尼龙线	18	出入口对齐，不可起波浪，线路靓，完成平服，拉不断线
11	四线钑裤比连后浪	钑骨车	DC×1 10#	0.5	针线/尼龙线	18	出入口对齐，完成平服，不可起波浪，线路靓，拉不断线，完成对准确骨位
12	人字拉裤头丈巾边	人字车	DP×5 10#	0.5	针线/针线	12个山/0.3cm高	按尺寸车缝，缝份均匀，人字不可大小或落坑，注意尺寸，缩率均匀，完成平服，拉不断线
13	人字襟裤头丈巾连放唛头	人字车	DP×5 10#		针线/针线	12个山/0.3cm高	拔顺面布，不可扭，人字不可大小或落坑，不可盖芽或露芽，完成平服，缩率均匀，注意尺寸，拉不断线
14	冚车冚裤脚	冚车	DV×1 10#	2	针线/尼龙线	16	折2cm缝份堕针冚，线路靓，完成平服，不可扭，线路驳口位在穿身计左侧，重叠2cm，完成线路对齐，拉不断线
15	剪线	手工					剪掉多余的线头，不可剪烂货，拉断浪侧单针线
16	查货	手工					全件货每个部位按尺寸要求查，干净、平服、缝份均匀
17	包装	手工					按制单要求包装
18	1. 留意尺寸要准确、整洁、平服、对度要一致、不能拉断线（以拉尽布不断线为准）； 2. 留意布料易钩纱、烂； 3. 勤换针						

制表：　　　　　　审核：　　　　　　批准：

2. 推板

档差：腰围4cm、前中1cm、后中1cm、脚口1cm、底浪0.3cm。

放码如图 3-42、图 3-43 所示。

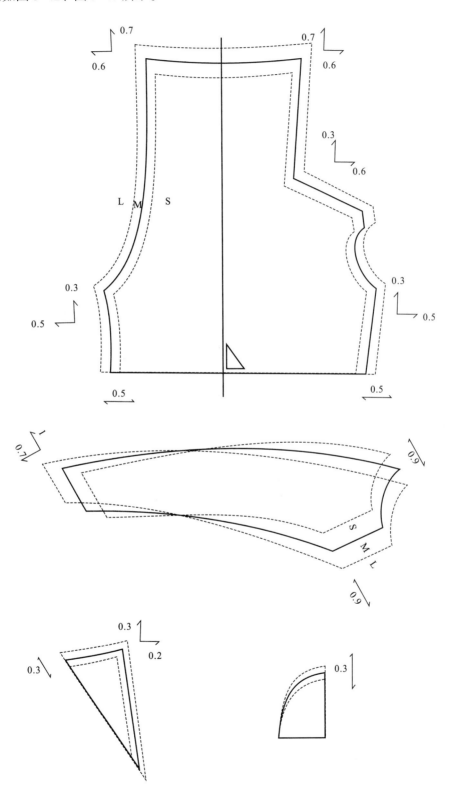

图3-42

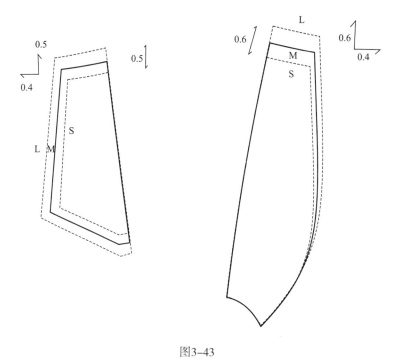

图3-43

3. 课后作业

根据提供的内裤款式（图 3-44）和尺寸（表 3-17）绘制 M 码 1：1 比例工业纸样。

注：面料为强力网拉；脚口采用人字行花工艺，前后幅破开处为三针拼缝。

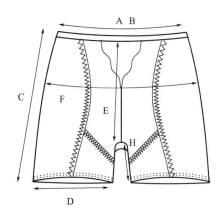
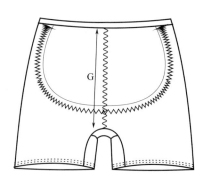

图3-44

表3-17   单位：cm

尺寸 名称	码数	S	M	L	± cm
A	1/2腰头	28	30	32	1
B	1/2腰头拉度	42	45	48	1.5

续表

	码数 尺寸 名称	S	M	L	±cm
C	侧缝长	24	25	26	0.2
D	1/2裤比	19	20	21	0.5
E	前中长	18.5	19.5	20.5	0.2
F	1/2臀围	36	38	40	0.5
G	后中长	21.5	22.5	23.5	0.5
H	内长	5.7	6	6.3	1

七、束身裤款式变化纸样与工艺

1. 根据YZ07#款式图及M码规格绘制1:1比例工业纸样

（1）YZ07# 款式图，如图 3-45 所示。

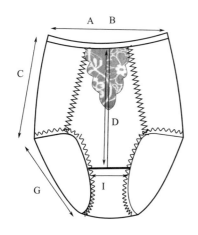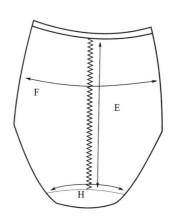

图3-45

（2）成品尺寸，如表 3-18 所示。

表3-18

单位：cm

AB腰围/2/拉度	30/45	D前中长	21	F臀围/2	38	H后档宽	14
C侧缝长	19	E后中长	27	G比围/2	24	I前档宽	7

（3）采用的材料：主面料采用弹力布网拉、花边、里浪为平纹汗布。

（4）工艺分析：腰头、三针拉丈巾、浪骨位、前中为三线锁骨工艺、后中采用三针拼缝工艺。

（5）制图说明。

①纸样腰围 /4 包含腰头工艺回缩量，工艺回缩量按照每 10cm 成品含 1cm 的比例取值。腰围 /4 腰头纸样尺寸为 16.5cm，脚口工艺回缩量同样按照这一比例处理。

②注意裆宽弧线的处理。

③后幅破开处要注意比例的分配。

④脚口弧线拼合后弧线是否圆顺。

（6）制图方法。净纸样的制作，如图 3-46 所示。

（7）制作面料裁剪样板，如图 3-47 所示。

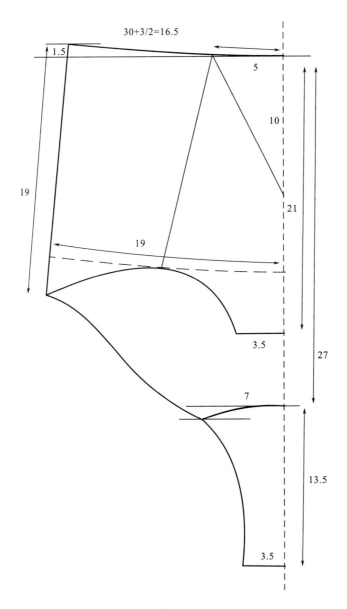

图3-46

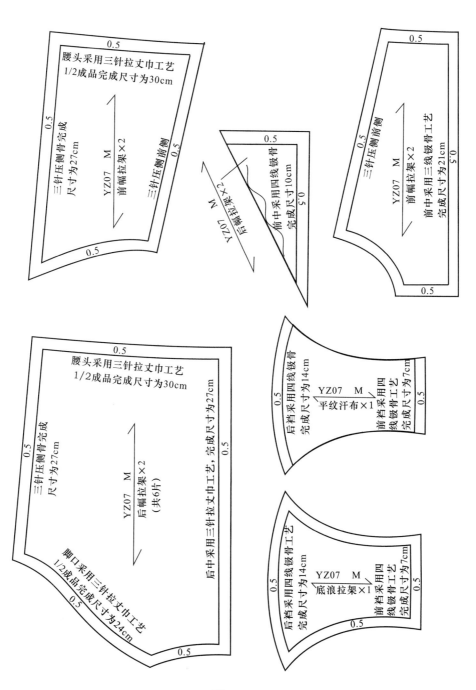

图3-47

（8）产品工艺表，如表3-19所示。

表3-19

盐步职业技术学校							
产品工艺表							
客款号YZ07			款式：塑身裤				
款号：××			日期：201×年×月×日				
序号	工序名称	车种	针型号	缝份（cm）	面/底线	针数（3cm）	工艺要求
1	手工拾裁片			0.2			
2	手工剪花（1个部位）						前中花边：按花边纸格裁剪
3	单针走前幅花边假线	单针车	DB×1 9#		针线	8	沿边车直，花波对刀口摆，沿边车
4	人字行花	人字车	DP×5 10#	0.5	针线	13	人字线沿花波边入0.1cm行，完成平服
5	手工挑假线			0.2			不能拉、不起波浪线，完成平服
6	三线钑前中	钑骨车	DC×1 9#		针线/尼龙线	16	两片对齐，出入口对齐，完成平服、平顺
7	单针走前侧	单针车	DB×1 9#	0.4	针线/尼龙线	10	对齐缝份，沿边0.2处车、完成平服
8	三针压前侧骨	三针车	DP×5 10#		针线	4	缝份打开、三针拉正中、里面缝份不可起翘，要平顺
9	单针夹后中	单针车	DP×5 9#	0.4	针线/丈筋	8	头尾对齐缝份，沿边0.4cm处车、完成平服
10	三针人字拉后中丈巾（缝份打开）	三针车	DP×5 10#	0.6	针线	4	单针缝份打开，三针拉正中，丈巾处不可露缝份，完成平服
11	四线钑包前后浪	钑骨车	DC×1 9#		针线	16	三片对齐，出入口对齐，剪口位对上，完成平服、平顺
12	三针拉裤脚丈巾	三针车	DP×5 10#		针线	11	三针拉正中，均匀露出丈巾花牙，后浪距夹缝边丈巾车0.5cm，左右对称
13	三针拉裤头丈巾加唛头	三针车	DP×5 10#		针线/尼龙线	11	落针匀露出丈巾花牙，三针车正中、均匀，唛头中对后中剪口位放，收口处重叠1.5cm
14	打枣	打枣	DP×5 10#		针线	28	打枣与丈巾同宽，枣位不可歪、不可凸角
15	订花车订前中吊牌	订花车	TQ×1 12#		针线		环保吊牌放于品牌吊牌下面，定于后中裤头丈巾处，线要订稳，底线不可刮手
16	剪线						
17	查货连拉断线						
18	复查						

制表：　　　　　　　审核：　　　　　　　批准：

2. 推板

档差：腰围 4cm、前中 1cm、后中 1cm、侧骨 4cm、底浪通用。

放码如图 3-48 所示。

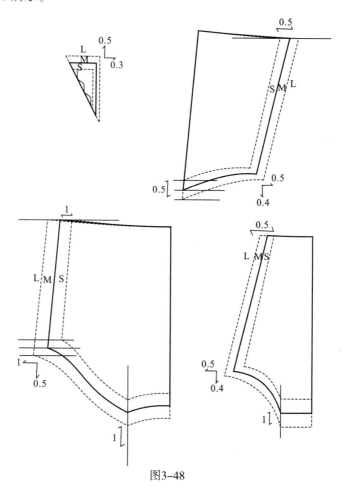

图3-48

3. 课后作业

根据提供的内裤款式（图 3-49）和尺寸（表 3-20）绘制 M 码 1∶1 比例工业纸样。

注：面料为强力网拉；前后幅破开处为三针拼缝。

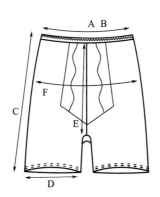
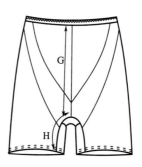

图3-49

表3-20   单位：cm

名称	尺寸\码数	S	M	L	±cm
A	1/2腰头	27	29	33	1
B	1/2腰头拉度	42	45	48	1.5
C	侧缝长	39	40	41	0.2
D	1/2裤比	19	20	21	0.5
E	前中长	24	25	26	0.2
F	1/2臀围	36	37	38	0.5
G	后中长	27	28	29	0.5
H	内长	12.7	13	13.3	1

第二节　男式内裤基本纸样与工艺

一、三角内裤基本纸样与工艺

1. 根据YZ08#款式图及M码规格绘制1:1比例工业纸样

（1）YZ08#款式图，如图3-50所示。

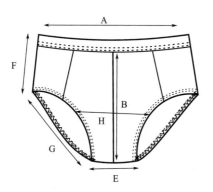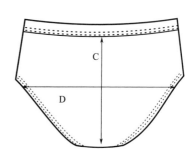

图3-50

（2）成品尺寸，如表3-21所示。

表3-21   单位：cm

A腰/2/拉度	32/47	C后中长	28.5	E裆宽	8	G脚口/2	26.5
B前中长	32	D后片宽	30	F侧缝长	7	H前片宽	13

（3）采用的材料：主面料采用弹力布，里浪为平纹汗布。

（4）工艺分析：腰头采用冚车冚裤头丈巾钑骨工艺，侧骨、前中采用钑骨工艺，冚车冚裤脚包边巾。

（5）制图说明。

①纸样腰围/4包含腰头工艺回缩量，工艺回缩量按照每10cm成品含1cm的比例取值。腰围/4腰头纸样尺寸为17.5cm，脚口工艺回缩量同样按照这一比例处理。

②前中弧线的弧度是处理这条裤子的关键。

③前侧破开处要注意比例的分配。

④脚口弧线拼合后弧线是否圆顺。

（6）净纸样的制作，如图3–51所示。

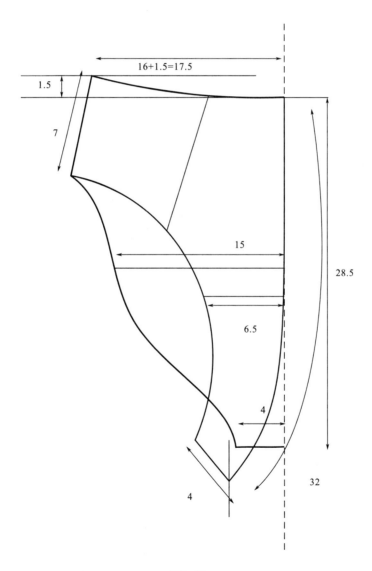

图3–51

（7）检查脚口弧线，如图 3-52 所示。

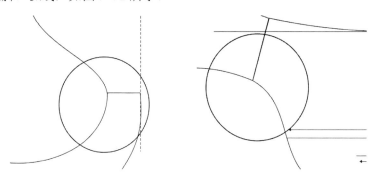

图3-52

（8）制作面料裁剪样板，如图 3-53 所示。

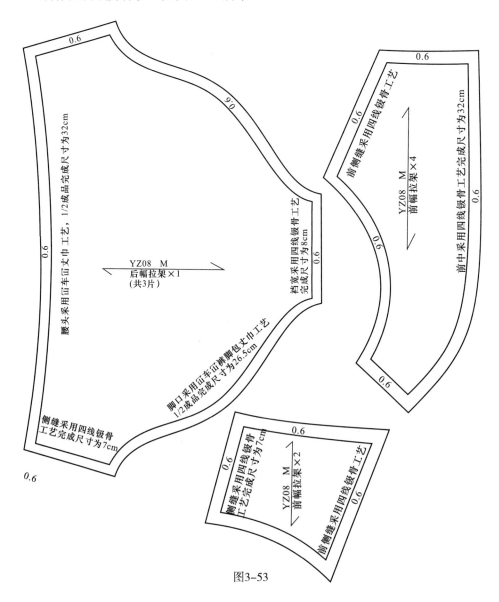

图3-53

（9）产品工艺表，如表3-22所示。

表3-22

盐步职业技术学校							
产品工艺表							
客款号：YZ008				款式：男装三角内裤			
公司款号：××				日期：201×年×月×日			
序号	工序名称	车种	针型号	缝份（cm）	面/底线	针数（3cm）	工艺要求
1	四线钑前中	钑骨车	DC×1 10#	0.6	针线/尼龙线	18	四块布面对面对齐后再底对底钑，出入口对齐，缝份均匀，线路靓，完成圆顺不起波浪，不可爆口，完成骨位拔穿起左边。
2	四线钑前幅两边	钑骨车	DC×1 10#	0.6	针线/尼龙线	18	面对面出入口对齐，缝份均匀，线路靓，完成骨位拔向后幅，平服不可起波浪
3	四线钑浪底	钑骨车	DC×1 10#	0.6	针线/尼龙线	18	面对面，出入口对齐，不可起波浪，完成平服，骨位正面拔向后幅
4	冚车冚裤脚包边巾	冚车	DV×1 10#	0.6	针线/尼龙线	16	按尺寸车，缝份均匀，要包满缝份，不可露空，完成平服，线路靓，拉不断线
5	四线钑左侧骨（穿起计）连放唛头	钑骨车	DC×1 10#	0.6	针线/尼龙线	18	出入口对齐，缝份均匀，完成平服，骨位正面拔向后幅，唛头的正面放在侧骨的中间处
6	冚车冚裤头丈巾钑骨	冚车	DV×1 10#	0.6	针线/尼龙线	16	互搭0.6cm缝份，缝份均匀平服，线路靓，完成缩率均匀，拉不断线
7	四线车右侧骨（穿起计）	钑骨车	DC×1 10#		针线/针线	18	出入口对齐，缝份均匀，完成平服骨位正面拔向后幅，丈巾不可错位
8	打枣×3	枣车	DP×5 10#		针线/针线		侧骨收入钑骨线沿边锁，线路靓，枣阔跟丈巾阔，完成左右对称
9	剪线	手工					剪掉多余的线头，不可剪烂货，拉断浪侧单针线
10	查货	手工					全件货每个部位按尺寸要求查，干净、平服、缝份均匀、线路靓、左右对称、不可拉断线
11	包装	手工					按制单要求包装
12	1. 留意尺寸要准确、整洁、顺服、对度要一致、不能拉断线（以拉尽布不断线为准）； 2. 留意布料易钩纱、烂； 3. 勤换针						

制表：　　　　　　审核：　　　　　　批准：

2. 推板

档差：腰围4cm、前中1cm、后中1cm、底浪、侧骨通用。

前幅放码，如图3-54所示。

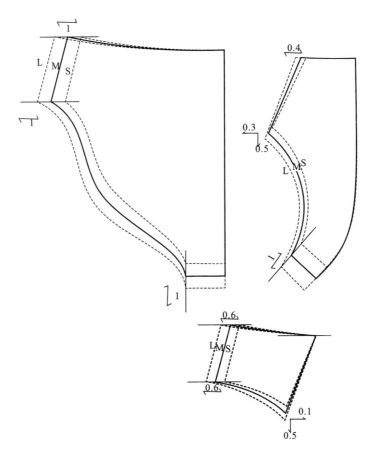

图3-54

3. 课后作业

根据提供的内裤款式（图3-55）和尺寸（表3-23）绘制M码1∶1比例工业纸样。

注：面料为拉架棉，平纹汗布；腰头采用冚车拉丈巾工艺，前中不完全破开，脚口扎落丈巾，前侧，侧骨采用四线钑骨工艺。

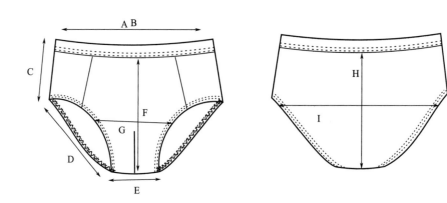

图3-55

表3-23 单位：cm

尺寸 名称	码数	S	M	L	± cm
A	1/2腰头	30	32	34	1
B	1/2腰头拉度	45	48	51	1.5
C	侧缝长	8	8	8	0.2
D	1/2裤比	21.5	23	24.5	0.5
E	档宽	8	8	8	0.2
F	前中长	28	29	30	0.5
G	前片宽	13	14	15	0.5
H	后中长	23	24	25	0.5
I	后片宽	29	30	31	0.5

二、三角内裤款式变化纸样与工艺

1. 根据YZ09#款式图及M码规格绘制1：1比例工业纸样

（1）YZ09# 款式图，如图 3-56 所示。

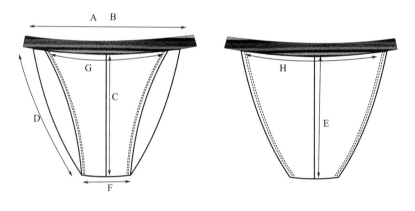

图3-56

（2）成品尺寸，如表 3-24 所示。

表3-24 单位：cm

AB腰围/2/拉度	33/47	C前中长	23.5	D脚口/2	24	E后中长	24
F档宽	9	G前腰宽	19	H后腰宽	28		

（3）采用的材料：主面料采用弹力布、里浪为平纹汗布。

（4）工艺分析：腰头采用岀车包裤头工艺，裤脚采用岀车襟工艺，侧骨、前后中采用四线钑骨工艺。

（5）制图说明。

①纸样腰围/4包含腰头工艺回缩量，工艺回缩量按照每10cm成品含1cm的比例取值。前腰围/4纸样尺寸为10.5cm，后腰围/4纸样尺寸为15.25cm，脚口工艺回缩量同样按照这一比例处理。

②前中弧线的弧度是处理这条裤子的关键。

③前侧破开处要注意比例的分配。

④脚口弧线拼合后检查弧线是否圆顺。

（6）制图方法：净纸样的制作，如图3-57所示。

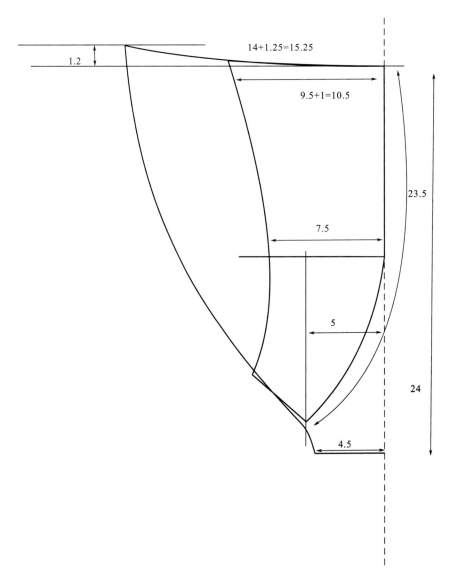

图3-57

（7）检查脚口弧线，如图 3-58 所示。

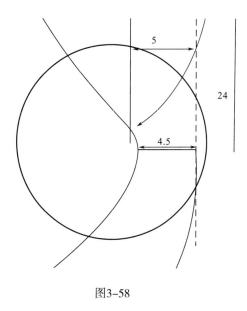

图3-58

（8）制作面料裁剪样板，如图 3-59 所示。

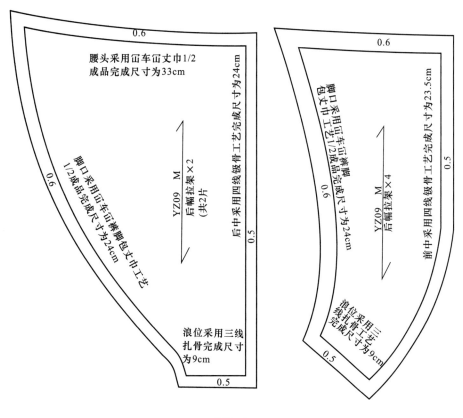

图3-59

（9）产品工艺表，如表 3-25 所示。

表3-25

盐步职业技术学校							
产品工艺表							
款号：YZ09			款式：男士三角内裤				
公司：××			日期：201×年×月×日				
序号	工序名称	车种	针型号	缝份（cm）	面线/底线	针数（3cm）	工艺要求
1	手工裁片						
2	四线钑前中	钑骨车	DC×1 10#		针线/尼龙线	16	对齐缝份，出入口对齐，不可拖长，完成平服
3	四线钑后中	钑骨车	DC×1 10#	0.4	针线/尼龙线	16	对齐缝份，出入口对齐，不可拖长，完成平服
4	三线钑底档宽	钑骨车	DC×1 10#	0.5	针线/尼龙线	16	前、后幅对齐缝份车，完成平服
5	单针走裤脚线	单针车	DB×1 10#	0.5	针线/尼龙线	10	折0.5缝份车平，线路要松，不能起皱
6	冚车襟裤脚	冚车	DV×1 10#		针线/尼龙线	17	沿边0.5缝份车，冚车线迹要盖住单针线迹，完成平服
7	冚车包裤头连放唛头	冚车	DV×1 10#		针线/尼龙线	17	按尺寸车，底面沿布边处落冚，唛头放于后中，线路要靓，不可断线或跳线
8	订花车订吊牌	订花车	TQ×1 12#		针线		唛头订于裤头前中处
9	打枣4	打枣	DP×5 10#		针线	28	沿裤头包边巾0.1处打，枣位不可歪，不可凸角
10	手工剪线						多余线头剪干净
11	查货						按收货标准查
12	复查						按收货标准查
13	包装						胶袋规格按用料表，1件1包
14	1. 留意尺寸要准确、整洁、顺服、对度要一致、不能拉断线（以拉尽布不断线为准）； 2. 留意布料易钩纱、烂； 3. 勤换针						

制表：　　　　　　　审核：　　　　　　　　　　批准：

2. 推板

档差：腰围 4cm、前中 1cm、后中 1cm、底浪通用。

（1）前幅放码，如图 3-60 所示。

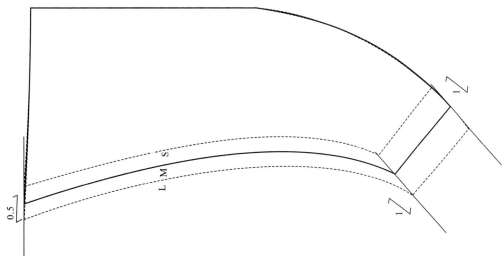

图3-60

（2）后幅放码，如图 3-61 所示。

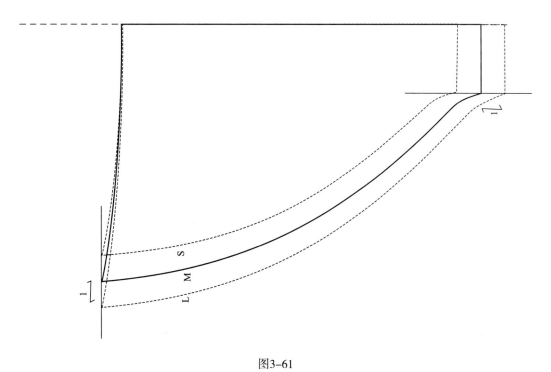

图3-61

3. 课后作业

根据提供的款式（图 3-62）绘制 M 码 1：1 比例工业纸样。

注：面料为拉架棉，平纹汗布；腰头采用冚车拉丈巾工艺，脚口采用冚车包边工艺，前侧，侧骨采用四线锁骨工艺，尺寸自定。

图3-62

三、平角内裤基本纸样与工艺

1. 根据YZ10#款式图及M码规格绘制1：1比例工业纸样

（1）YZ10# 款式图，如图 3-63 所示。

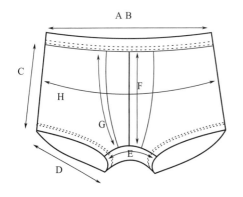 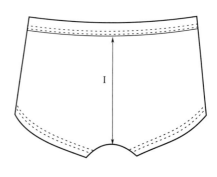

图3-63

（2）成品尺寸，如表 3-26 所示。

表3-26　　　　　　　　　　　　　　　　　　　　单位：cm

AB腰围/2/拉度	32/47	D脚口/2	23.5	F前中长	24	H臀围/2	43
C侧缝长	22	E档宽	13	G前侧缝	23	I后中长	26

（3）采用的材料：主面料采用弹力布，里浪为平纹汗布。

（4）工艺分析：腰头采用叵车叵裤头丈巾工艺，叵车叵裤脚，侧骨、前中采用四线钑骨工艺。

（5）制图说明。

① 纸样腰围/4包含腰头工艺回缩量，工艺回缩量按照每10cm成品含1cm的比例取值。腰围/4腰头纸样尺寸为17.5cm，脚口工艺回缩量同样按照这一比例处理。

② 前中弧线的弧度是处理这条裤子的关键。

③ 前侧破开处要注意比例的分配。

④ 脚口弧线拼合后检查弧线是否圆顺。

（6）净纸样的制作，如图3-64所示。

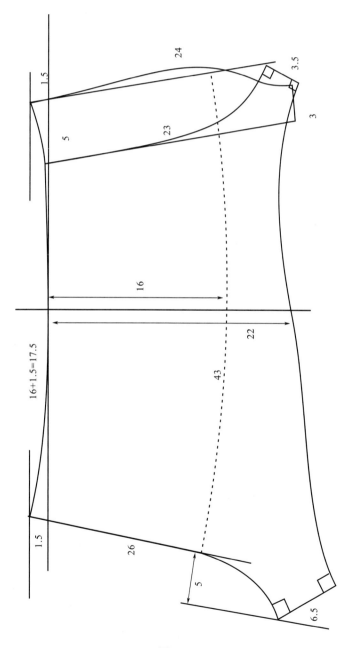

图3-64

（7）制作面料裁剪样板，如图 3-65 所示。

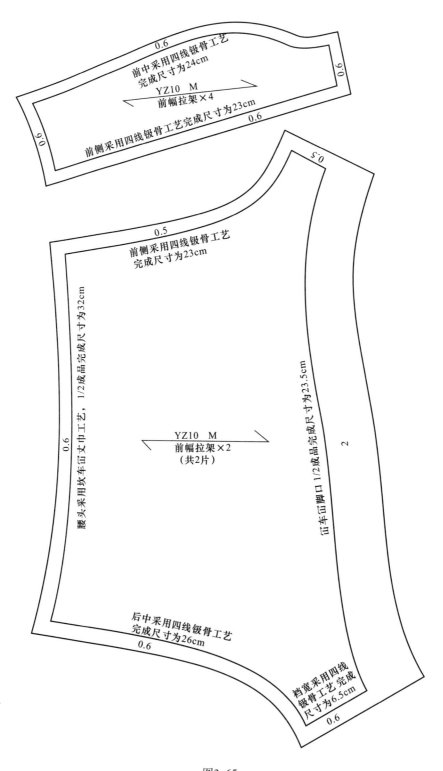

图3-65

（8）产品工艺表，如表 3-27 所示。

表3-27

盐步职业技术学校							
产品工艺表							
客款号：YZ10			款式：男装平脚内裤				
公司款号：××			日期：2014年6月8日				
序号	工序	车种	针型	缝份（cm）	面/底线	针数（3cm）	工 艺 要 求
1	四线锁前中	锁骨车	DC×1 10#	0.6	PP/尼龙线	18	四块布面对面对齐后再底对底锁，出入口对齐，缝份均匀，线路靓，完成圆顺不可起波浪，不可爆口
2	四线锁前幅两边	锁骨车	DC×1 10#	0.6	PP/尼龙线	18	面对面出入口对齐，缝份均匀，线路靓，完成骨位拔向后幅，平服不可起波浪
3	四线锁浪底	锁骨车	DC×1 10#	0.6	PP/尼龙线	18	面对面，出入口对齐，不可起波浪，完成平服，骨位正面拔向后幅
4	冚车冚裤脚	冚车	DV×1 10#	0.6	PP/尼龙线	16	折2cm缝份堕针冚，线路靓，完成平服不可扭，线路驳口位左右从叠1cm，完成线路对齐，拉不断线
5	三针拼齐裤头丈巾散口位	人字车	DP×1 10#		PP/尼龙线	18个山	出入口对齐，三针在驳口位的中间，出入口尽密，完成平服
6	冚车冚裤头丈巾	冚车	DV×1 10#	0.6	PP/尼龙线	16	按尺寸车，互搭0.6cm缝份，缝份均匀平服，线路靓，完成缩率均匀，拉不断线
7	单针车钉后中唛头	单针车	DB×1 10#		PP	12	唛头正面向上，放在后中丈巾的中间处，车左右两侧头尾返针完成平服
8	剪线	手工					剪掉多余的线头，不可剪烂货，拉断浪侧单针线
9	查货	手工					全件货每个部位按尺寸要求查，干净、平服、缝份均匀、线路靓、左右对称、不可拉断线
10	包装	手工					按制单要求包装
11	1.留意尺寸要准确、整洁、顺服、对度要一致、不能拉断线（以拉尽布不断线为准）；2.留意布料易钩纱、烂；3.勤换针						

制表：　　　　　　　　　审核：　　　　　　　　　批准：

2. 推板

档差：腰围 4cm、前中 1cm、后中 1cm、底浪通用。

前中放码如图 3-66 所示。

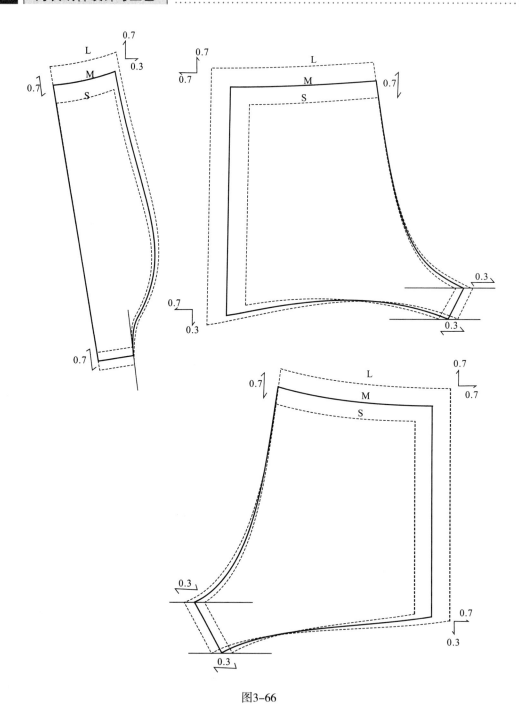

图3-66

3. 课后作业

根据提供的内裤款式（图3-67）和尺寸（表3-28）绘制 M 码 1：1 比例工业纸样。

注：面料为拉架棉，平纹汗布；腰头采用冚车拉丈巾工艺，前中不完全破开，脚口扎落丈巾，前侧，侧骨采用四线钑骨工艺。

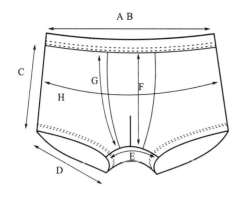
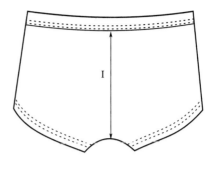

图3-67

表3-28   单位：cm

名称 \ 尺寸 \ 码数		S	M	L	± cm
A	1/2腰头	29	31	33	1
B	1/2腰头拉度	43.5	46.5	49.5	1.5
C	侧缝长	22.5	23.5	24.5	0.2
D	1/2裤比	20	21	22	0.5
E	裆宽	13	13	13	0.2
F	前中长	25	26	27	0.5
G	前侧缝长	23	24	25	0.5
H	1/2臀围	35	37	39	1
I	后中长	23	24	25	0.5

四、平角内裤款式变化纸样与工艺

1. 根据YZ11#款式图及M码规格绘制1：1比例工业纸样

（1）YZ11#款式图，如图3-68所示。

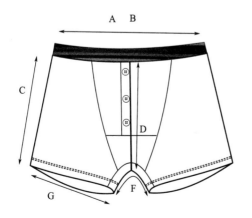
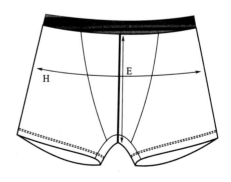

图3-68

（2）成品尺寸，如表3-29所示。

表3-29

单位：cm

A/B1/2腰/拉度	33/48	D前中长	30	F裆宽	17	H臀围/2	44
C侧缝长	28	E后中长	26.5	G比围/2	23.5		

（3）采用的材料：主面料采用弹力布，里浪为平纹汗布。

（4）工艺分析：腰头采用冚车冚裤头丈巾工艺，冚车冚裤脚，侧骨、前中采用四线钑骨工艺、前中订3粒扣。

（5）制图说明。

①纸样腰围/4包含腰头工艺回缩量，工艺回缩量按照每10cm成品含1cm的比例取值。腰围/4腰头纸样尺寸为18cm，脚口工艺回缩量同样按照这一比例处理。

②前中弧线的弧度是处理这条裤子的关键。

③前侧破开处要注意比例的分配。

④脚口弧线拼合后检查弧线是否圆顺。

⑤前幅搭门的处理要注意，搭门宽为1.5cm。

（6）净纸样的制作，如图3-69所示。

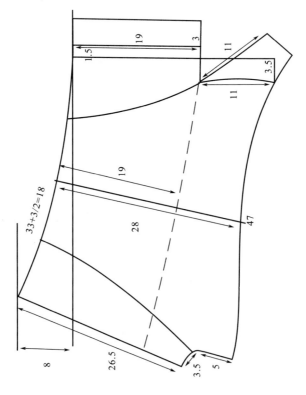

图3-69

（7）检查脚口弧线，如图 3-70 所示。

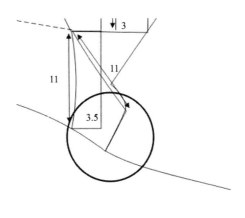

图3-70

（8）制作面料裁剪样板，如图 3-71、图 3-72 所示。

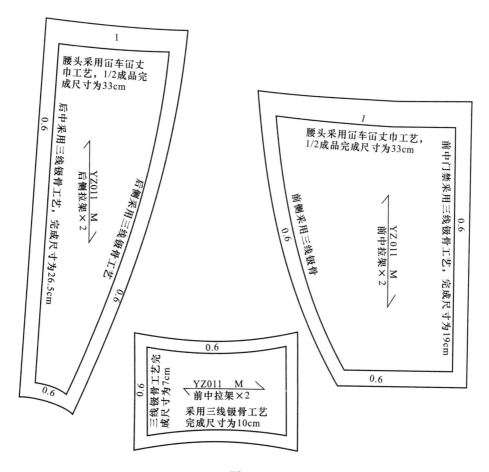

图3-71

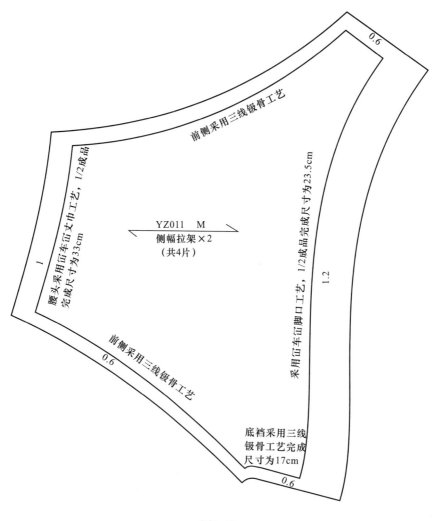

图3-72

（9）产品工艺表，如表3-30所示。

表3-30

盐步职业技术学校							
产品工艺表							
客款号：YZ11			款式：男装平脚内裤				
公司款号：××			日期：201×年×月×日				
序号	工序	车种	针型	缝份（cm）	面/底线	针数（3cm）	工 艺 要 求
1	手工拾裁片						
2	单针车唛头	单针车	DB×1 10#		针线/尼龙线	7	主唛放于上面，成分唛放下面，规格唛放于中间，三块唛头对齐沿主唛边车0.1cm缝份

续表

序号	工序	车种	针型	缝份（cm）	面/底线	针数（3cm）	工艺要求
3	三线钑折前中门襟	钑骨车	DC×1 10#	0.6	针线/尼龙线	18	面向上钑，线路要靓，缝份均匀，不可起波浪，完成与原裁片等长
4	单针固定门襟侧	单针车	DB×1 10#			12	单针沿上门襟距边0.1cm处压下1.5cm，单针沿钑骨线中间走，线路靓
5	手工缝纽扣						在对应扣眼下方处缝，缝合之后门襟要平顺
6	单针固缝下门襟口	单针车	DB×1 10#		针线/尼龙线	12	沿下门襟钑骨线两边走3cm线，线迹要靓，不能起耳仔
7	三线钑前中	钑骨车	DC×1 10#	0.6	针线/尼龙线	18	头尾对齐，缝份均匀，线路要靓，完成与原裁片等长
8	三线钑前侧	钑骨车	DC×1 10#	0.6	针线/尼龙线	18	头尾对齐，缝份均匀，线路要靓，完成与原裁片等长
9	三线钑底档	钑骨车	DC×1 10#	0.6	针线/尼龙线	18	头尾对齐，缝份均匀，线路要靓，完成与原裁片等长
10	三线钑侧幅	钑骨车	DC×1 10#	0.6	针线/尼龙线	18	头尾对齐，缝份均匀，线路要靓，完成与原裁片等长
11	冚车襟裤脚	冚车	DV×1 10#		针线/尼龙线	24	折2cm缝份，针落布边0.1cm处，缝合过程中不能拉
12	打枣打裤头丈巾	打枣车	DP×5 10#		针线		丈巾口重叠1cm，枣线要盖住缝份，不可露白，起毛
13	冚车襟裤头丈巾	冚车	DV×1 10#	1	针线/尼龙线	20	丈巾落于裤头1cm处，针距裤头丈巾边0.2cm，注意不可打折，不爆缝份，完成要平服，拉不断线
14	单针定唛头	单针车	DB×1 10#		针线		唛头放于裤头后中间，主唛往里折1cm后沿边0.1cm处车，两头倒针
15	手工剪线						多余线头剪干净
16	查货						按收货标准查
17	复查						按收货标准查
18	包装						胶袋规格按用料表，1件1包
19	1. 留意尺寸要准确、整洁、平服、对度要一致、不能拉断线（以拉尽布不断线为准）； 2. 留意布料易钩纱、烂； 3. 勤换针						

制表： 审核： 批准：

2. 推板

档差：腰围4cm、前中1cm、后中1cm、脚口2cm、档宽0.5cm。

侧幅放码，如图3-73所示。

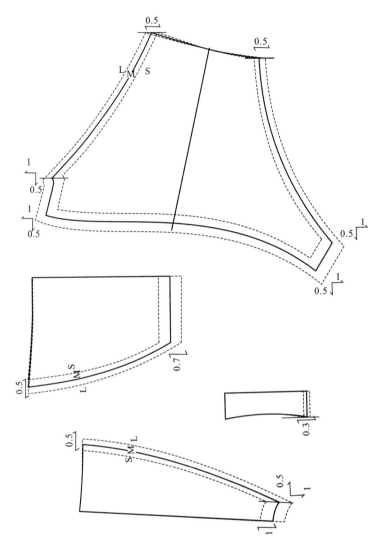

图3-73

3. 课后作业

根据提供的款式（图3-74）绘制M码1：1比例工业纸样，尺寸自定。

图3-74

第四章　典型普通文胸款式纸样与工艺

第一节　撞棉围纸样与工艺

一、上下杯棉围纸样与工艺

1. 根据YZWX01#款式图及75B规格绘制1:1比例工业纸样

（1）YZWX01#款式图，如图4-1所示。

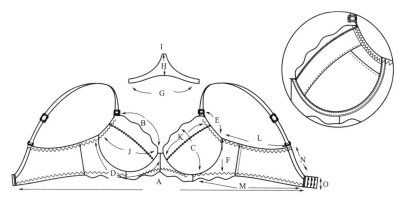

图4-1

（2）成品尺寸，如表4-1所示。

表4-1　　　　　　　　　　　　　　　　　　　　　　　　单位：cm

A下围第一扣	60	E肩夹	7	I鸡心上宽	1.6	M下比围	22.5
B上杯边	16	F侧比高	10	J杯宽	21.3	N比角	9
C杯高	13	G鸡心下宽	13	K杯骨	18.5	O勾扣宽	5
D捆碗	21.3	H鸡心高	6	L上比围	13.5		

（3）采用的材料：主面料采用弹力布、弹力花边、海绵、平纹汗布。

（4）工艺分析：上下比采用人字拉丈巾工艺，海绵杯边采用三线钑骨工艺。

（5）制图方法。

①上下比拉丈巾工艺回缩量按照每10cm成品含1cm的比例取值。

②捆碗长为钢圈内长加上一定的松量。

③注意钢圈的摆放要准确。

④为了整体效果美观，海绵的上杯可以比碗花的上杯尺寸少 0.2cm。

⑤注意杯底弧线和夹弯弧线是否圆顺。

⑥注意制图线条的美观。

比位制图，如图 4-2 所示。

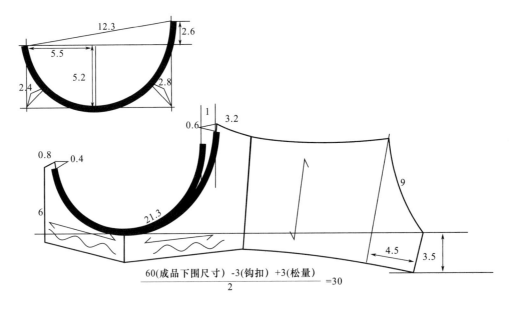

$$\frac{60(成品下围尺寸)\ -3(钩扣)\ +3(松量)}{2}=30$$

图4-2

罩杯制图，如图 4-3 所示。

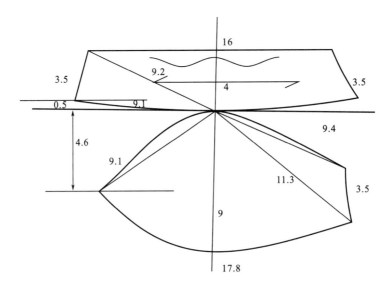

图4-3

（6）纸样检查（杯圈、夹弯弧线），如图4-4所示。

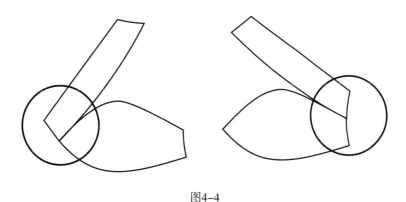

图4-4

（7）制作面料裁剪样板，如图4-5～图4-7所示。

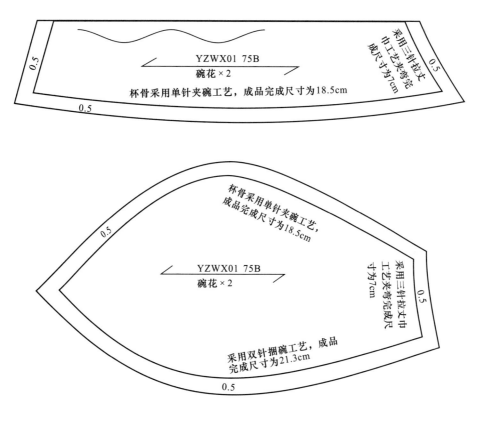

图4-5

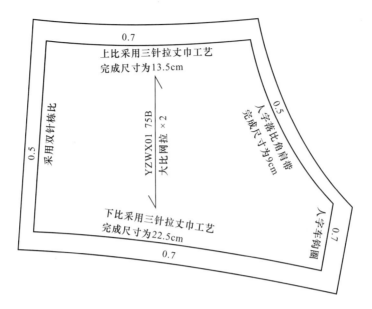

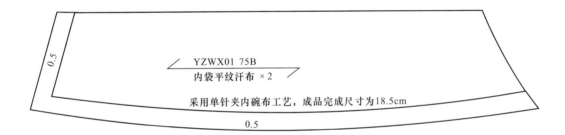

图4-5

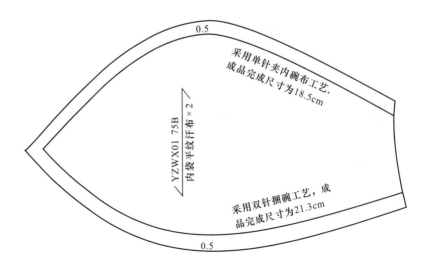

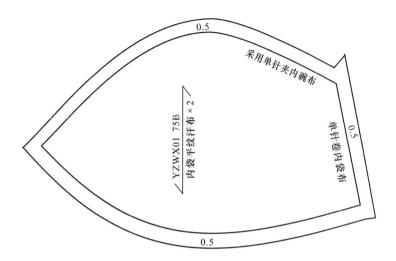

采用单针夹内碗布

采用三线钯杯边工艺，完成尺寸为16cm

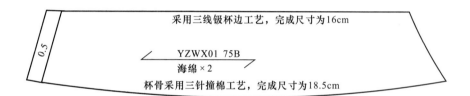

杯骨采用三针撞棉工艺，完成尺寸为18.5cm

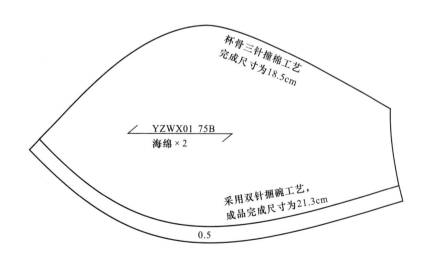

图4-6

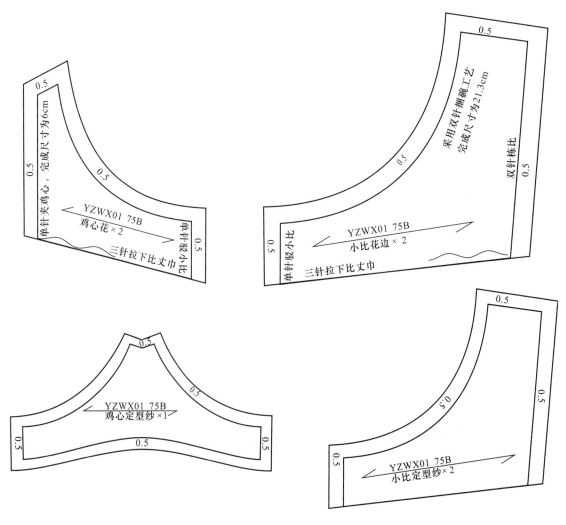

图4-7

（8）产品工艺表，如表4-2所示。

表4-2

盐步职业技术学校							
产品工艺表							
客款号：YZWX01			款式：上下杯棉围				
公司款号：××			日期：201×年×月×日				
序号	工序名称	车种	针型	缝份（cm）	面/底线	针数（3cm）	工艺要求
1	单针卷内袋布	单针车	BD×1 8#圆嘴	0.5	针线/尼龙线	14	卷缝份均匀，不可烂针孔
2	单针走落内袋布	单针车	BD×1 9#	0.2	针线/尼龙线	12	两块对齐，沿边车，袋口对棉口并还针，完成对称

续表

序号	工序名称	车种	针型	缝份（cm）	面/底线	针数（3cm）	工 艺 要 求
3	三针撞棉（底面用捆条）	三针车	DP×5 10#		针线/尼龙线	6	头尾对齐，上下棉密和车缝，针位正平，碗顶圆顺，对称，完成不可有裂缝
4	三线钑前幅棉边	钑骨车	DC×1 10#	0.4	针线/尼龙线	18	按尺寸车缝，不可拖长棉边，对称
5	单针夹面碗	单针车	BD×1 9#	0.5	针线/尼龙线	14	头尾对齐，缝份均匀，线路松紧适中
6	1/8 双针开碗骨	双针车	DP×5 10#		尼龙线/针线	14	头尾还针，不可大小边，线路松紧适中
7	单针笠棉	单针车	BD×1 9#	0.1	针线/尼龙线	12	棉边平低波落 2mm 摆，沿棉边 0.1cm 缝份，夹弯预留 1.7cm 缝份，对骨位，碗花松紧适中，对称
8	单针走鸡心	单针车	BD×1 9#	0.2	针线/尼龙线	10	两块对齐，纱要减少许车，线路放松
9	单针驳小比、大比	单针车	BD×1 9#	0.5	针线/尼龙线	14	头尾对齐并还针，缝份均匀
10	1/8 双针捆鸡心咀	双针车	DP×5 10#	0.5	针线/针线	14	复入 0.5cm 缝份，缝份均匀，正面不可露捆条
11	1/4 双针栋比入胶骨	双针车	DP×5 10#	0.1	针线/针线	14	头尾还针，缝份倒向大比，沿边 0.1cm 缝份车缝，按尺寸入胶骨
12	三针拉下脚丈根	三针车	DP×5 10#	0.7	针线/尼龙线	6	按尺寸车，大比折 0.7cm 缝份，鸡心下扒丈根平低波入 2mm 车位底层按比外要车位胶骨，小比缝份分开，完成对称，按尺寸
13	单针上碗	单针车	BD×1 9#	0.5	针线/尼龙线	14	头尾对齐并还针，碗骨对鸡心刀口，完成不可鸡心高低，留意鸡心咀宽度
14	三针拉上比丈根	三针车	DP×5 10#	0.7	针线/尼龙线	6	按尺寸车缝，缝份均匀，夹弯出入口留长丈根做耳仔，完成对称，量尺寸
15	3/16 双针捆碗	双针车	DP×5 11#	0.1	针线/针线	14	头尾还针，按尺寸车缝，沿边 0.1cm 缝份车，试钢圈虚位，完成对称，量尺寸
16	人字落比脚肩带	人字车	DP×5 10#	0.5	针线/针线	12	预留勾圈宽度，按尺寸车缝，缝份均匀，上比位留长做耳仔，完成对称
17	人字车勾圈连放唛头	人字车	DP×5 10#	0.7	针线/针线	18	缝份均匀，圈中按码放唛头，两侧密锁
18	打枣	打枣车	DP×5 11#		针线/针线		锁钢圈，前后耳仔
19	人字车肩带 8、9 扣	人字车	DP×5 9#	1.5	针线/针线	42	缝份均匀，配对车
20	穿钢圈						
21	剪线						
22	1. 留意尺寸要准确、整洁、平服、对度要一致、不能拉断线（以拉尽布不断线为准）； 2. 留意布料易钩纱、烂； 3. 勤换针						

制表：   审核：   批准：

2. 推板

档差：下围4cm、杯圈1.3cm、杯边0.8cm、杯高1cm、杯骨1cm、鸡心嘴通用。

罩杯海绵、内袋布，鸡心、小比定型纱放码可以参照图4-8、图4-9所示。

（1）罩杯、小比放码，如图4-8所示。

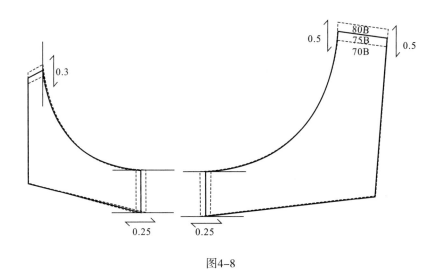

图4-8

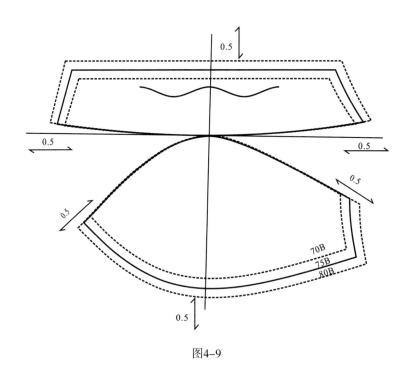

图4-9

（2）比位放码，如图4-10所示。

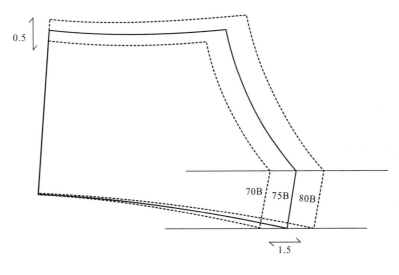

图4-10

3. 课后作业

根据提供的YZWX#文胸款式图（图4-11）和尺寸（表4-3）绘制75B规格1∶1比例工业纸样。

注：面料为弹力花边、海绵、弹力布、平纹汗布。

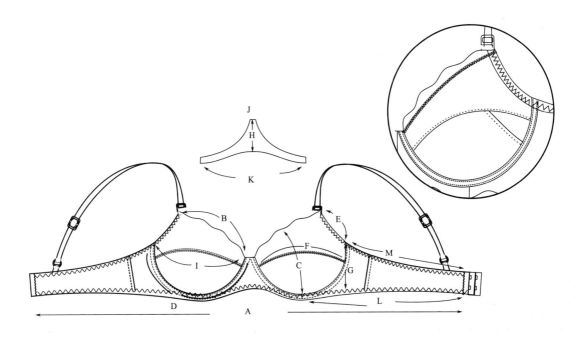

图4-11

表4-3　　　　　　　　　　　　　　　　　　　　　　　　单位：cm

A下围第一扣	60	E肩夹	6	F杯骨	18	K鸡心下宽	13
B上杯边	15.5	G侧比高	9	J鸡心上宽	2		
C杯高	13	H鸡心高	3.5	L下比围	22.5		
D捆碗	20.5	I杯宽	20	M上比围	17.5		

二、反捆"T"杯棉围"一字"比纸样与工艺

1. 根据YZWX02#款式图及75B规格绘制1：1比例工业纸样

（1）YZWX02# 款式图，如图 4-12 所示。

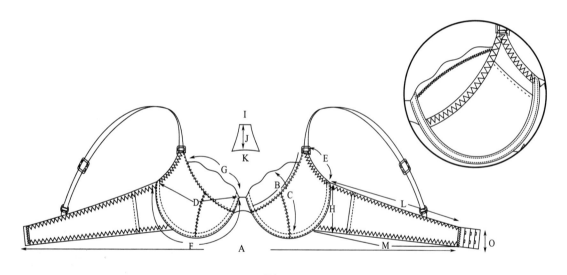

图4-12

（2）成品尺寸，如表 4-4 所示。

表4-4　　　　　　　　　　　　　　　　　　　　　　　　单位：cm

A下围第一扣	60	E肩夹	6.5	I鸡心上宽	0.8	M下比围	18.5
B杯骨	18	F捆碗	20.5	J鸡心高	2	O勾扣宽	3.2
C杯高	13	G上杯边	14.5	K鸡心下宽	5.4		
D杯宽	20	H侧比高	7	L上比围	17		

（3）采用的材料：主面料采用弹力布、弹力花边、海绵、平纹汗布。

（4）工艺分析：上下比采用三针拉丈巾工艺，海绵杯边采用三线锁骨工艺。

（5）制图方法。

①上下比拉丈巾工艺回缩量按照每 10cm 成品含 1cm 的比例取值。

②此款为反捆围，要注意碗花和海绵杯圈缝份的处理。

③肩带位为 1.2 cm。

④捆碗长为钢圈外长加上一定的松量。

⑤注意钢圈的摆放要准确。

⑥为了整体效果美观，海绵的上杯可以比碗花的上杯尺寸少 0.2cm。

⑦注意杯底弧线是否圆顺以及线条要美观。

比位制图，如图 4–13 所示。

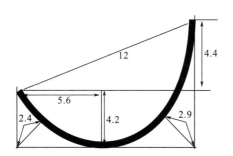

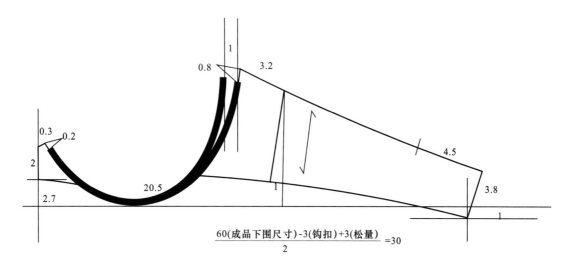

$$\frac{60(成品下围尺寸)-3(钩扣)+3(松量)}{2}=30$$

图4–13

罩杯制图，如图 4-14 所示。

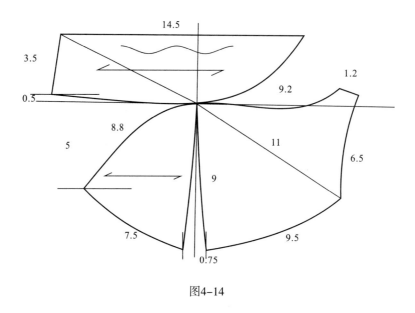

图4-14

（6）纸样检查（杯圈弧线），如图 4-15 所示。

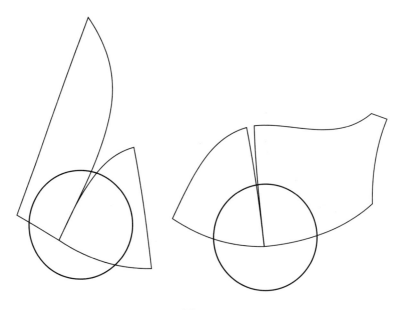

图4-15

（7）制作面料裁剪样板，如图4-16、图4-17所示。

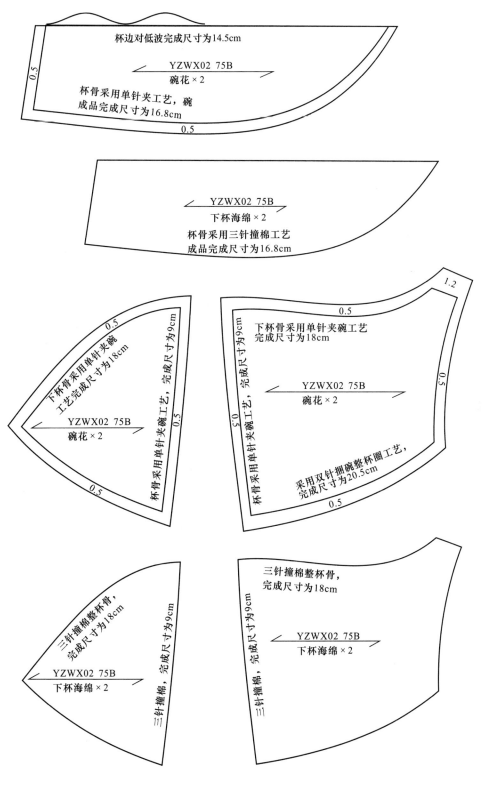

杯边对低波完成尺寸为14.5cm

YZWX02 75B
碗花×2

杯骨采用单针夹工艺，碗
成品完成尺寸为16.8cm

YZWX02 75B
下杯海绵×2

杯骨采用三针撞棉工艺
成品完成尺寸为16.8cm

下杯骨采用单针夹碗
工艺完成尺寸为18cm

YZWX02 75B
碗花×2

杯骨采用单针夹碗工艺，完成尺寸为9cm

下杯骨采用单针夹碗工艺
完成尺寸为18cm

YZWX02 75B
碗花×2

杯骨采用单针夹碗工艺，完成尺寸为9cm

采用双针拥碗整杯圈工艺，
完成尺寸为20.5cm

三针撞棉整杯骨，
完成尺寸为18cm

YZWX02 75B
下杯海绵×2

三针撞棉，完成尺寸为9cm

三针撞棉整杯骨，
完成尺寸为18cm

YZWX02 75B
下杯海绵×2

三针撞棉，完成尺寸为9cm

图4-16

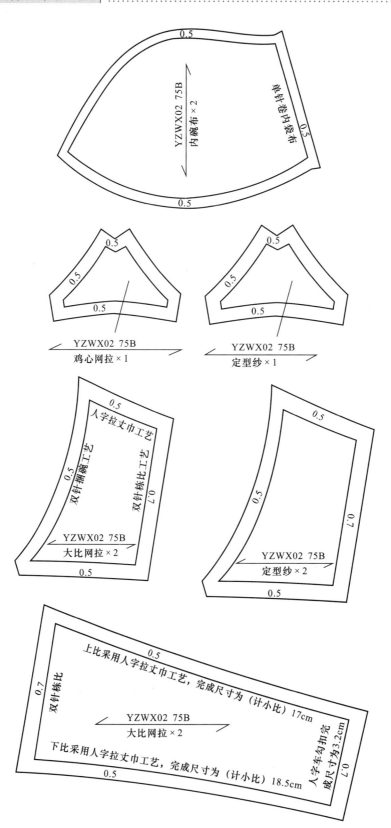

图4-17

（8）产品工艺表，如表4-5所示。

表4-5

盐步职业技术学校							
产品工艺表							
客款号：YZWX02				款式：T杯棉围			
公司款号：×××				日期：201×年×月×日			
序号	工序名称	车种	针型	缝份（cm）	面/底线	针数（3cm）	工 艺 要 求
1	单针卷内袋布	单针车	BD×18#圆嘴	0.5	针线/尼龙线	14	卷缝份均匀，不可烂针孔，完成平服
2	三针撞下碗棉	三针车	DP×510#		针线/尼龙线	6	左右棉密合车缝，针位正中，不可有裂缝
3	单针走落内袋布	单针车	BD×19#	0.2	针线/尼龙线	12	两块对齐，袋口对棉口并还针，沿边0.1cm，完成对称
4	三针撞上碗棉	三针车	DP×510#		针线/尼龙线	6	心位对齐，耳仔位对刀口，上下棉密和车缝，针位正平，碗顶圆顺，对称，完成不可有裂缝
5	三线钑前幅棉边	钑骨车	DC×110#	0.4	针线/尼龙线	18	按尺寸车缝，不可拖长棉边，对称
6	单针夹下碗骨	单针车	BD×18#圆嘴	0.5	针线/尼龙线	14	头尾对齐并还针，缝份均匀，线路松紧适中
7	1/8双针开下碗骨	双针车	DP×510#		针线/针线	14	头尾还针，不可大小边，针位正中，线路松紧适中
8	单针夹上碗骨	单针车	BD×19#	0.5	针线/尼龙线	14	心位对齐，耳仔位对刀口，头尾还针，缝份均匀，线路松紧适中
9	单针襟上碗骨	单针车	BD×19#	0.1	针线/尼龙线	14	缝份倒向下，沿边0.1cm缝份襟，线路松紧适中
10	单针笠棉	单针车	BD×19#	0.1	针线/尼龙线	14	棉边平低波落2mm摆，夹弯预留0.7cm缝份，对骨位，碗花松紧适中，对称
11	单针走鸡心连小比线	单针车	BD×19#	0.1	针线/尼龙线	10	两块对齐，纱要容少许车，线路放松
12	单针驳大比	单针车	BD×19#	0.7	针线/针线	14	头尾对齐并还针，缝份均匀，不能皱
13	1/44双针栋比入胶骨	双针车	DP×510#	0.1	针线/尼龙线		头尾还针，缝份倒向大比，沿边0.1cm车，按尺寸入胶骨，对称
14	人字拉下比仔丈根	人字车	DP×510#	0.5	针线/尼龙线	12	按尺寸车，缝份均匀，线路松紧适中，不可拉断线，对称
15	人字襟下比仔丈根	人字车	DP×510#	0.1	针线/尼龙线	12	按平面布，不可扭纹，沿丈根边0.1cm缝份襟，栋比处车位胶骨，完成对称
16	1/8双针捆鸡心	双针车	DP×510#	0.5	针线/尼龙线	14	折入0.5cm缝份，缝份均匀，正面不可露捆条
17	单针上碗	单针车	BD×19#	0.5	针线/尼龙线	14	头尾对齐并还针，鸡心、比仔不可高低大小，碗底按尺寸留空，完成对称
18	人字拉上比丈根连放耳仔	人字车	DP×510#	0.5	针线/尼龙线	12	预留勾圈宽度，按尺寸车缝，刀口位放耳仔，缝份均匀，上碗缝份复入碗内，完成对称，不可拉断线

续表

序号	工序名称	车种	针型	缝份（cm）	面/底线	针数（3cm）	工 艺 要 求
19	人字襟上比丈根	人字车	DP×5 10#	0.1	针线/尼龙线	12	拔平面布，不可扭纹，沿丈根边0.1cm缝份车，线路松紧适中，不可拉断线，对称
20	3/16双针反捆碗	双针车	DP×5 11#	0.15	针线/针线	14	按尺寸车缝，缝份复入碗内，沿边0.15cm缝份车，注意鸡心，碗底不可有高低长短，完成对称
21	手工入钢圈						按尺寸穿在贴肉计第三层
22	打枣	打枣车	DP×5 11#		针线/针线		锁钢圈，前后耳仔
23	车肩带	人字车	DP×5 9#		针线/针线		
24	剪线						
25	1. 留意尺寸要准确、整洁、平服、对度要一致、不能拉断线（以拉尽布不断线为准）； 2. 留意布料易钩纱、烂； 3. 勤换针						

制表：　　　　　　　　　审核：　　　　　　　　　批准：

2. 推板

档差：下围 4cm、杯圈 1.3cm、杯边 0.8cm、杯高 1cm、杯骨 1cm、鸡心通用。

海绵、内袋布，小比定型纱放码参照图 4-18、图 4-19 所示。

（1）比位放码，如图 4-18 所示。

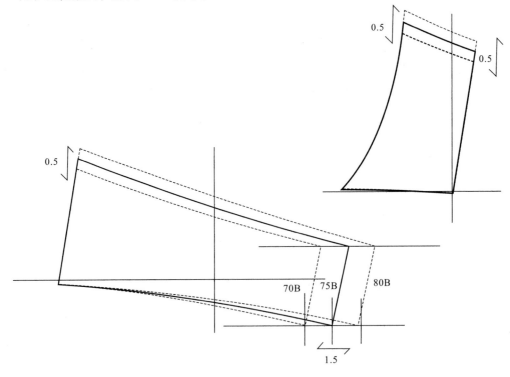

图4-18

（2）罩杯放码，如图4-19所示。

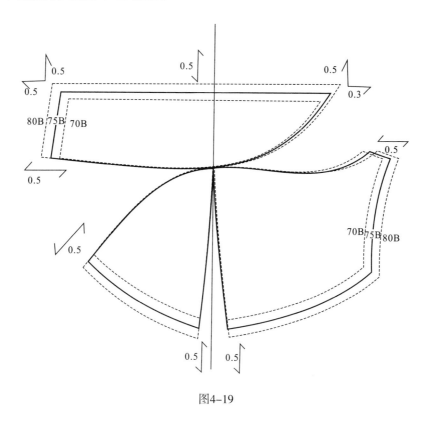

图4-19

3. 课后作业

根据提供的YZWX#文胸款式图（图4-20）和尺寸（表4-6）绘制75B规格1∶1比例工业纸样。

注：面料为弹力花边、海绵、弹力布、平纹汗布。

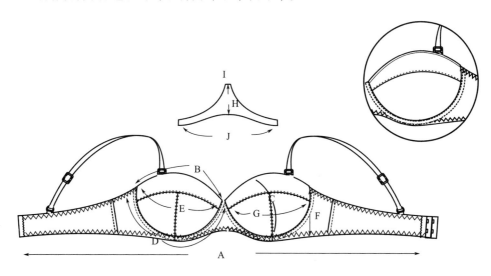

图4-20

表4-6   单位：cm

A下围第一扣	60	E杯宽	20	I鸡心上宽	2
B上杯边	19.8	F侧比高	9	J鸡心下宽	12.5
C杯高	12.5	G杯骨	19.5		
D捆碗	22.5	H鸡心高	5.5		

三、正捆左右杯棉围"一字"比纸样与工艺

1. 根据YZWX03#款式图及75B规格绘制1:1比例工业纸样

（1）YZWX03# 款式图，如图 4-21 所示。

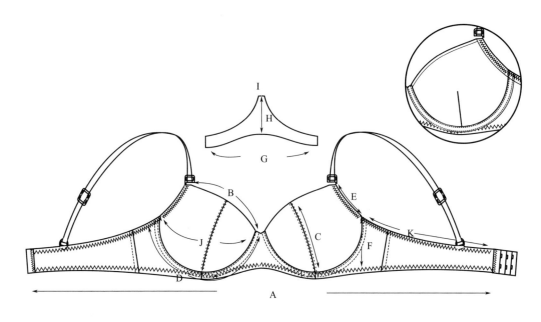

图4-21

（2）成品尺寸，如表 4-7 所示。

表4-7   单位：cm

A下围第一扣	60	E肩夹	6.5	I鸡心上宽	1.6
B杯边	15.5	F侧比高	9	J杯宽	19.5
C杯高	12	G鸡心下宽	14.5	K上比围	17
D捆碗	19.8	H鸡心高	5		

（3）采用的材料：主面料采用弹力布、弹力花边、海绵、平纹汗布。

（4）工艺分析：上下比采用人字拉襟丈巾工艺，杯边采用运返工艺，海绵杯边采用三线铗骨工艺。

（5）制图方法。

①上下比拉丈巾工艺回缩量按照每 10cm 成品含 1cm 的比例取值。

②肩带位为 1.2 cm，勾扣宽为 5cm。

③捆碗长为钢圈内长加上一定的松量。

④注意钢圈的摆放要准确。

⑤罩杯省道的处理是关键。

⑥注意杯底、杯边弧线是否圆顺以及线条要美观。

比位制图，如图 4-22 所示。

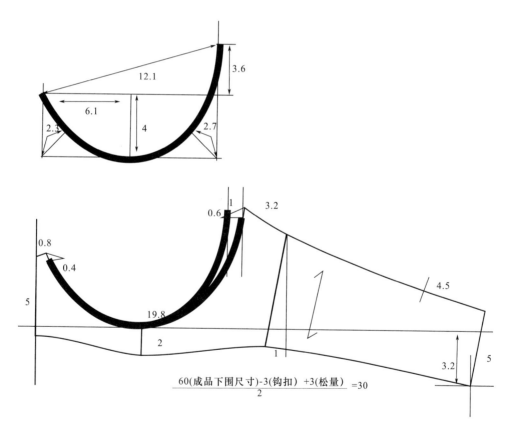

图4-22

罩杯制图，如图 4-23 所示。

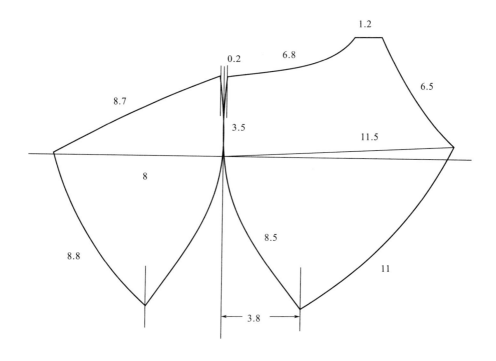

图4-23

（6）纸样检查（杯圈、杯边弧线），如图 4-24 所示。

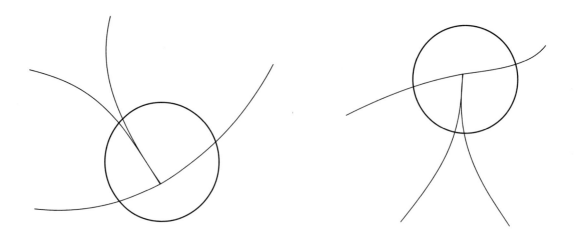

图4-24

（7）制作面料裁剪样板，如图4-25、图4-26所示。

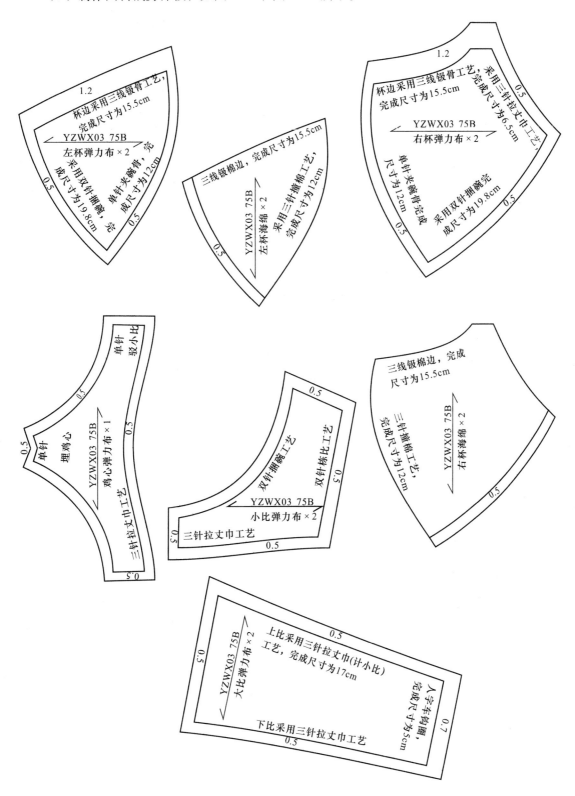

图4-25

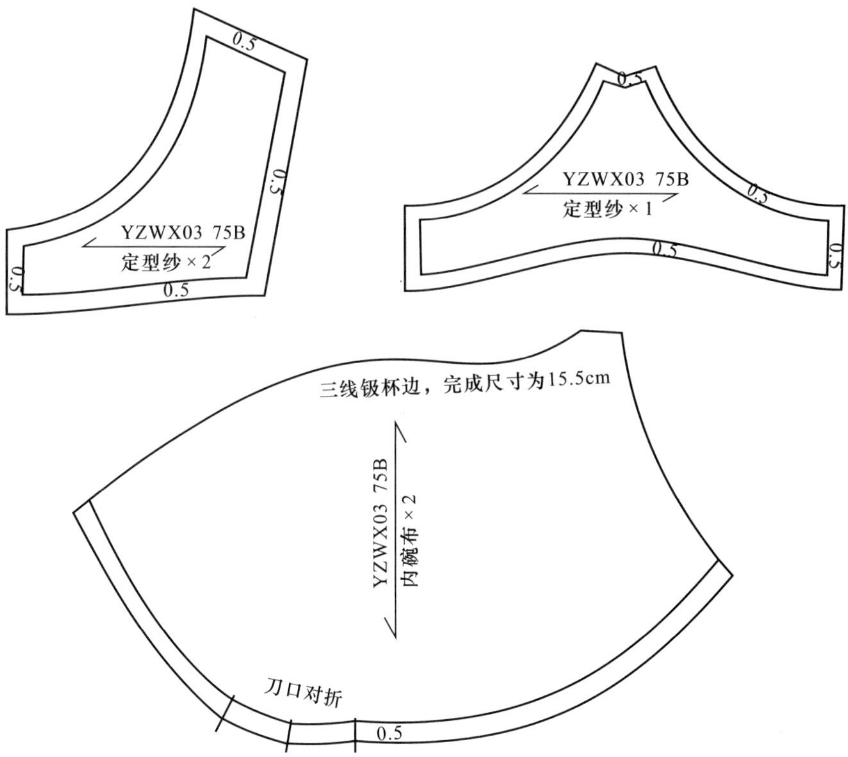

图4-26

（8）产品工艺表，如表4-8所示。

表4-8

<table>
<tr><td colspan="7">盐步职业技术学校</td><td rowspan="4">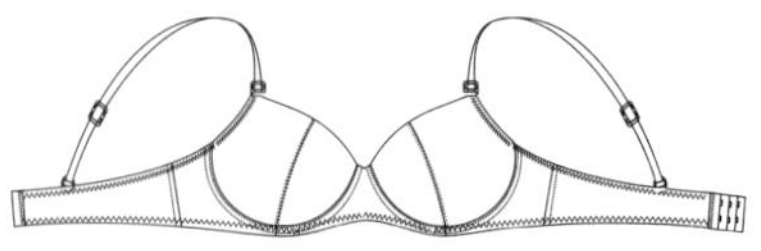</td></tr>
<tr><td colspan="7">产品工艺表</td></tr>
<tr><td colspan="3">客款号：YZWX03</td><td colspan="4">款式：左右杯棉围</td></tr>
<tr><td colspan="3">公司款号：××</td><td colspan="4">日期：201×年×月×日</td></tr>
<tr><td>序号</td><td>工序名称</td><td>车种</td><td>针型</td><td>缝份（cm）</td><td>面/底线</td><td>针数（3cm）</td><td>工艺要求</td></tr>
<tr><td>1</td><td>单针笠内碗布连折褶位</td><td>单针车</td><td>BD×18#圆嘴</td><td>0.2</td><td>针线/尼龙线</td><td>12</td><td>内碗布平齐棉边车，按刀口折褶位，完成对称</td></tr>
<tr><td>2</td><td>单针笠防黄布</td><td>单针车</td><td>BD×19#</td><td>0.2</td><td>针线/尼龙线</td><td>12</td><td>防黄布碗顶对模杯顶，沿边车，防黄布要松紧适中</td></tr>
<tr><td>3</td><td>刀车飞防黄布多条缝份</td><td>冚车</td><td></td><td></td><td></td><td></td><td>前幅及下碗平齐棉边切，夹弯预留0.7cm缝份</td></tr>
<tr><td>4</td><td>单针夹面碗骨</td><td>单针车</td><td>BD×19#</td><td>0.5</td><td>针线/尼龙线</td><td>14</td><td>头尾对齐，缝份均匀，线路松紧适中</td></tr>
<tr><td>5</td><td>单针埋前幅棉边</td><td>单针车</td><td>BD×19#</td><td>0.3</td><td>针线/尼龙线</td><td>14</td><td>头尾对齐，缝份均匀，不可拖长棉边，完成对称</td></tr>
</table>

续表

序号	工序名称	车种	针型	缝份（cm）	面/底线	针数（3cm）	工 艺 要 求
6	三线钑前幅棉边	钑骨车	DC×1 10#	0.4	针线/尼龙线	18	按尺寸车缝，不可拖长棉边，完成对称
7	单针笠棉	单针车	BD×1 9#	0.2	针线/尼龙线	14	笠顺面布，骨位对内碗布褶位，完成对称
8	单针走鸡心及小比纱线	单针车	BD×1 9#	0.2	针线/尼龙线	10	两块对齐，沿边0.1cm缝份车，线路放松，不可扭纹
9	单针驳小比、大比	单针车	BD×1 9#	0.5	针线/尼龙线	14	头尾对齐并还针，缝份均匀
10	1/8双针捆鸡心咀（底用捆条）	双针车	DP×5 10#	0.5	针线/针线	14	复入0.5cm缝份，沿边0.1cm缝份车
11	Y4双针栋比入胶骨（底用捆条）	双针车	DP×5 10#	0.1	针线/尼龙线	14	头尾还针，缝份倒向大比，沿边0.1cm缝份车缝，按时入胶骨，完成对称
12	人字拉下脚丈根	人字车	DP×5 10#	0.5	针线/尼龙线	12	按尺寸车，缝份均匀，线路松紧适中，完成对称，量尺寸，不可拉断线
13	人字襟下脚丈根	人字车	DP×5 10#	0.1	针线/尼龙线	12	拔平面布，不可扭纹，沿丈根边0.1cm缝份车，练比处要车住胶骨，线路松紧适中，完成对称
14	单针上碗	单针车	BD×1 9#	0.5	针线/尼龙线	14	对齐并还针，缝份均匀，小比骨对碗骨，鸡心下扒不可高低大小，完成对称
15	人字拉上比丈根连放耳仔	人字车	DP×5 10#	0.5	针线/尼龙线	12	预留勾圈宽度，按尺寸车缝，刀口位放耳仔，夹弯出入口留长丈根做耳仔，完成对称，量尺寸
16	人字襟上比丈根	人字车	DP×5 10#	0.1	针线/尼龙线	12	预留勾圈宽度，拔平面布，不可扭纹，练比处要车住胶骨，夹弯出入口留长丈根做耳仔，完成对称，量尺寸
17	3/16双针捆碗	双针车	DP×5 11#	0.1	针线/针线	14	头尾还针，按尺寸车缝，沿边0.1cm缝份车，完成对称，量尺寸
18	人字车勾圈连放唛头	人字车	DP×5 10#	0.7	针线/针线	18	缝份均匀，圈中按码放唛头，两侧密锁至第一个扣
19	打枣	打枣车	DP×5 11#		针线/针线		钢圈口按斜度沿边0.1cm锁，前后耳仔勾带位完成0.5cm，完成对称
20	车肩带	人字车	DP×5 19#		针线/针线		
21	勾肩带						
22	1.留意尺寸要准确、整洁、平服、对度要一致、不能拉断线（以拉尽布不断线为准）； 2.留意布料易钩纱、烂； 3.勤换针						

制表：　　　　　　　　　审核：　　　　　　　　　批准：

2. 推板

档差：下围4cm、杯圈1.3cm、杯边0.8cm、杯高1cm、杯骨1cm。

海绵、内袋布，鸡心、小比定型纱放码可参照图4-27、图4-28所示。

（1）比位放码，如图4-27所示。

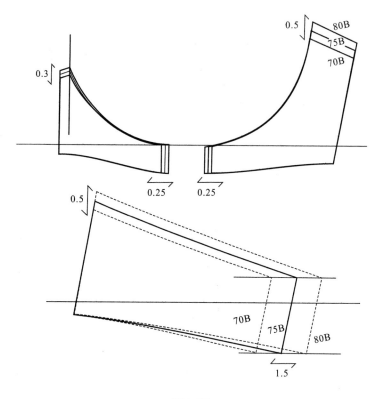

图4-27

（2）罩杯放码，如图4-28所示。

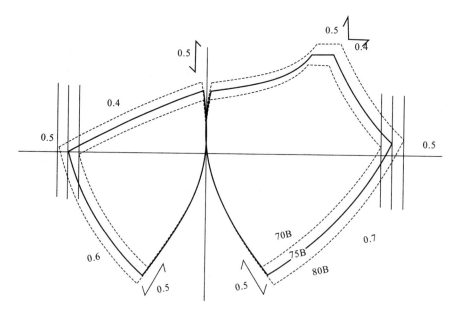

图4-28

3.课后作业

根据提供的 YZWX# 文胸款式图（图 4-29）和尺寸（表 4-9）绘制 75B 规格 1：1 比例工业纸样。

注：面料为、海绵、弹力布、平纹汗布。

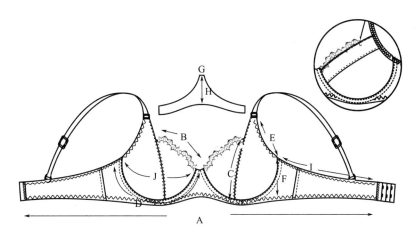

图4-29

表4-9

单位：cm

A下围第一扣	60	D捆碗	21	G鸡心上宽	2
B杯边	13	E杯阔	8.5	H鸡心高	3.5
C杯高	14.5	F侧比高	7.5	I上比围	17.5

四、正捆单褶杯棉围"U"比纸样与工艺

1.根据YZWX04#款式图及75B规格绘制1：1比例工业纸样

（1）YZWX04# 款式图，如图 4-30 所示。

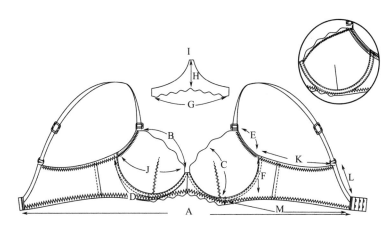

图4-30

（2）成品尺寸，如表4-10所示。

表4-10   单位：cm

A下围第一扣	60	F侧比高	10	K上比围	13
B上杯边	15.5	G鸡心下宽	13.5	L比角	9
C杯高	12.5	H鸡心高	6	M下比围	22.5
D捆碗	21.5	I鸡心上宽	1.6		
E肩夹	6.5	J杯宽	19.7		

（3）采用的材料：主面料采用弹力布、弹力花边、海绵、平纹汗布。

（4）工艺分析：上下比采用三针拉丈巾工艺，海绵杯边采用三线钑骨工艺。

（5）制图方法。

①上下比拉丈巾工艺回缩量按照每10cm成品含1cm的比例取值。

②勾扣宽为3.5cm。

③捆碗长为钢圈内长加上一定的松量。

④注意钢圈的摆放要准确。

⑤罩杯省道的处理是关键，以及海绵左右杯的处理。

⑥注意杯底弧线是否圆顺以及线条要美观。

比位制图，如图4-31所示。

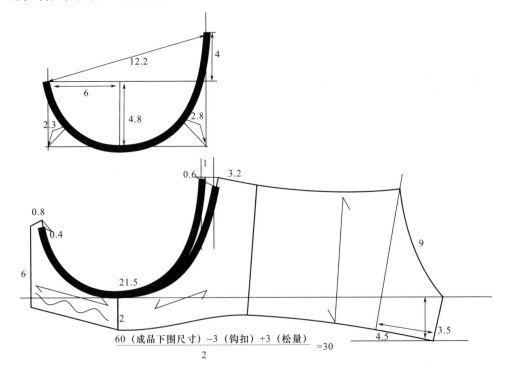

图4-31

罩杯制图，如图 4-32 所示。

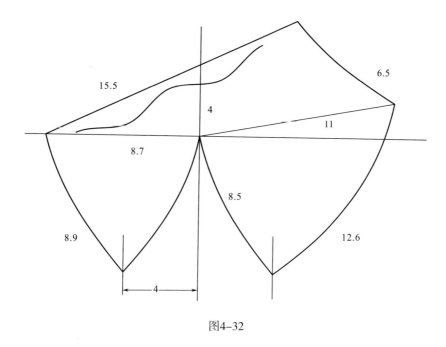

图4-32

（6）纸样检查（杯圈、杯边弧线），如图 4-33 所示。

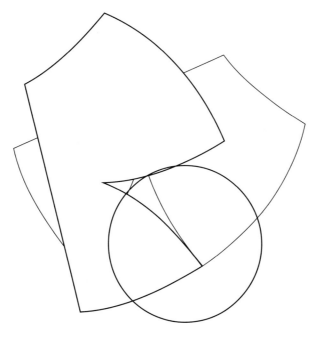

图4-33

（7）制作面料裁剪样板，如图4-34、图4-35所示。

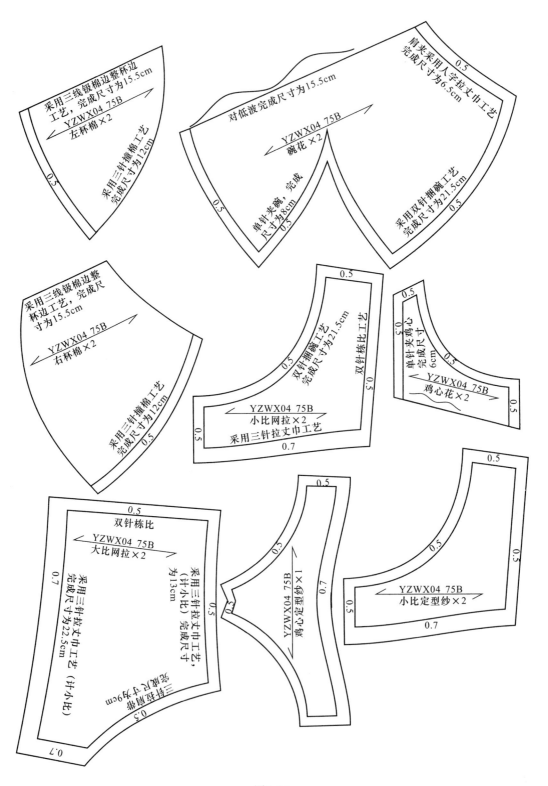

图4-34

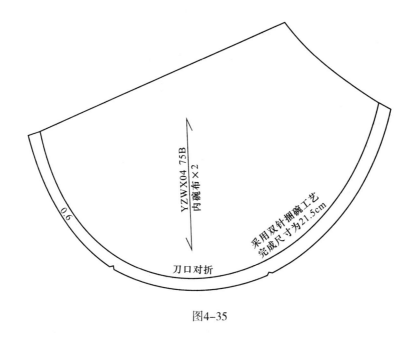

图4-35

（8）产品工艺表，如表4-11所示。

表4-11

盐步职业技术学校							
产品工艺表							
客款号：YZWX04			款式：单褶杯棉围				
公司款号：××			日期：201×年×月×日				
序号	工序名称	车种	针型	缝份（cm）	面/底线	针数（3cm）	工 艺 要 求
1	单针笠内碗布连折褶位	单针车	BD×1 8#圆嘴	0.2	针线/尼龙线	12	内碗布平齐棉边车，按刀口折褶位，完成对称
2	单针夹面碗褶位	单针车	BD×1 9#	0.5	针线/尼龙线	14	下碗对齐还针，尖褶位延伸2.5cm，缝份均匀，线路松紧适中，完成对称并在尖褶位打剪口，不可爆
3	单针开下碗骨	单针车	BD×1 9#		针线/尼龙线	14	下碗还针，缝份分开，不可大小边，尖褶位不断线车
4	单针笠防黄布连修缝份	单针车	BD×1 9#	0.2	针线/尼龙线	12	压模布顶对准碗顶，沿边0.2cm缝份车，防黄布不可笠太紧，要松小许，完成对称并修剪缝份
5	三线钑前幅棉边	钑骨车	DC×1 10#	0.4	针线/尼龙线	18	按尺寸车缝，不可拖长棉边，完成对称
6	单针笠棉1周	单针车	BD×1 9#	0.2	针线/尼龙线	12	棉边平压落2mm，沿边0.2cm缝份车，碗骨对内碗褶位，夹弯预留0.7cm缝份碗花松紧适中，完成对称
7	单针走鸡心及小比纱线	单针车	BD×1 9#	0.1	针线/尼龙线	10	两块对齐，沿边0.1cm缝份车，线路放松，不可扭纹

续表

序号	工序名称	车种	针型	缝份 (cm)	面/底线	针数 (3cm)	工艺要求
8	单针驳小比、大比	单针车	BD×1 9#	0.5	针线/尼龙线	14	头尾对齐并还针，缝份均匀
9	1/8 双针捆鸡心咀	双针车	DP×5 10#	0.5	针线/针线	14	复入0.5cm缝份，沿边0.1cm缝份车缝
10	1/4 双针练比入胶骨	双针车	DP×5 10#	0.1	针线/针线	14	头尾还针，缝份倒向大比，沿边0.1cm缝份车缝，按时入胶骨，完成对称
11	三针拉下脚丈根	三针车	DP×5 10#	0.7	针线/尼龙线	6	按尺寸车缝，缝份均匀，大小折0.7cm缝份，鸡心位丈根平底车住底层散口，练比处车住胶骨，完成对称
12	单针上碗	单针车	BD×1 9#	0.5	针线/尼龙线	14	头尾对齐并还针，缝份均匀，小比骨对碗骨，鸡心下扒不可高低大小，完成对称
13	三针拉上比丈根	三针车	DP×5 10#	0.5	针线/尼龙线	6	按尺寸车缝，夹弯出入口留长丈根做耳仔，线路松紧适中，完成对称
14	人字落比脚肩带	人字车	DP×5 10#	0.5	针线/尼龙线	12	预留勾圈宽度，按尺寸车缝，缝份均匀，上比位留长做耳仔，完成对称
15	3/16 双针捆碗	双针车	DP×5 11#	0.1	针线/针线	14	按尺寸车缝，头尾还针，沿边0.1cm缝份车，完成对称，量尺寸
16	人字车勾圈连放唛头	人字车	DP×5 10#	0.7	针线/针线	18	缝份均匀，圈中按码放唛头，两侧密锁至第一个扣
17	打枣	打枣车	DP×5 11#		针线/针线		钢圈口沿边0.1cm锁，前后耳仔勾带位完成0.5cm
18	车肩带						
19	1. 留意尺寸要准确、整洁、平服、对度要一致、不能拉断线（以拉尽布不断线为准）； 2. 留意布料易钩纱、烂； 3. 勤换针						

制表：　　　　　　　　审核：　　　　　　　　批准：

2. 推板

档差：下围 4cm、杯圈 1.3cm、杯边 0.8cm、杯高 1cm、杯骨 1cm。

海绵，鸡心、小比定型纱放码可参照图 4-36、图 4-37 所示。

比位放码，如图 4-36 所示。

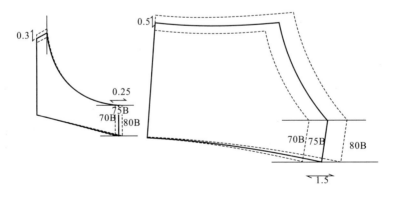

图4-36

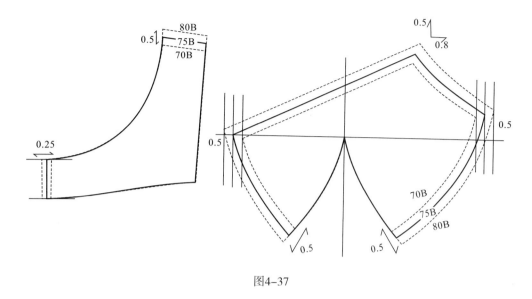

图4-37

3. 课后作业

根据提供的 YZWX# 文胸款式图（图4-38）和尺寸（表4-12）绘制 75B 规格 1∶1 比例工业纸样。

注：面料为弹力花边、海绵、弹力布、平纹汗布。

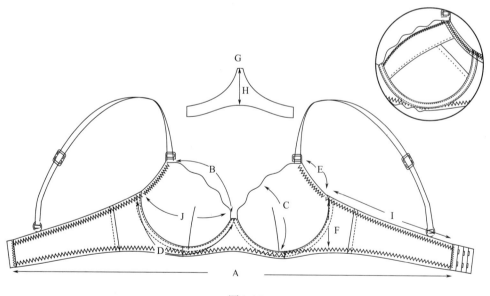

图4-38

表4-12   单位：cm

A下围第一扣	60	D捆碗	21.8	G鸡心上宽	2
B上杯边	15.5	E杯宽	7.5	H鸡心高	5.5
C杯高	13.5	F侧比高	9	I上比	17.5

第二节　模杯围纸样与工艺

1. 根据YZWX05#款式图及75B规格绘制1∶1比例工业纸样

（1）YZWX05# 款式图，如图 4-39 所示。

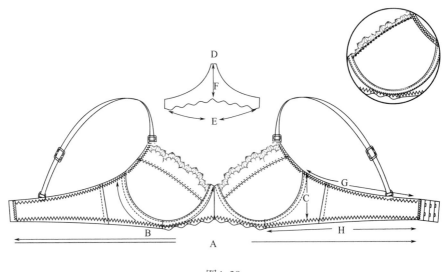

图4-39

（2）成品尺寸，如表 4-13 所示。

表4-13

单位：cm

A下围第一扣	60	D鸡心上宽	1.6	G 上比围	13.5
B捆碗	17.5	E鸡心下宽	12	H下比围	6
C侧比高	7.5	F鸡心高	4		

（3）采用的材料：主面料采用弹力布、弹力花边、模杯、定型纱。

（4）工艺分析：上下比采用三针拉丈巾工艺，模杯杯边采用三线钑骨工艺。

（5）制图方法。

①上下比拉丈巾工艺回缩量按照每 10cm 成品含 1cm 的比例取值。

②勾扣宽为 4cm。

③配套钢圈比模杯杯圈短 1 ～ 1.5cm。

④注意钢圈的摆放要准确。

⑤注意杯底、夹弯弧线是否圆顺以及线条要美观。

（6）罩杯制图及工艺说明，如图4-40所示。

①本款纸样是上下杯结构，将罩杯的分割线在模杯上画出，可以用针线缝制，也可以用记号笔画出，或者用立裁专用贴纸（其优点是不损坏罩杯），在罩杯上找出BP点并将杯骨线标出。（将面料平放在罩杯上，把杯边固定。）

②把多余的面料向下捋，确保整个上杯平顺，没有余量，将其固定。

③修剪多余面料，杯骨的修剪要与做出的杯骨线对齐。

④下杯可以参考同样的方法将其做出。

⑤将上杯与下杯剪下来的纸样展平描出轮廓即可完成净纸样。

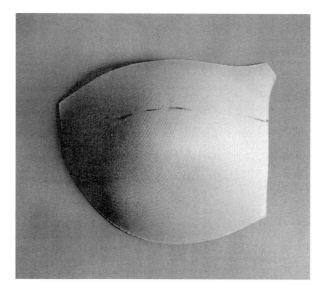

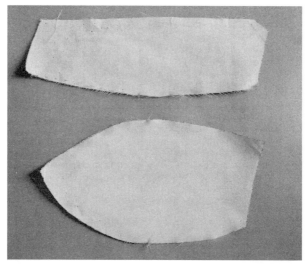

图4-40

（7）比位制图，如图4-41所示。

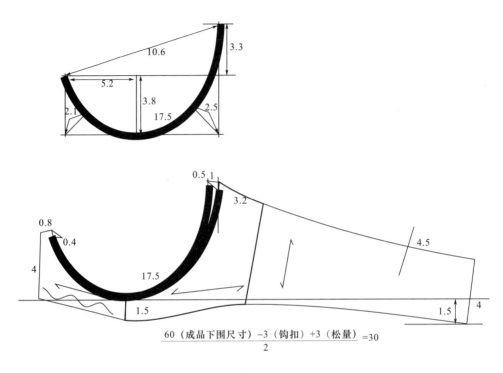

$$\frac{60（成品下围尺寸）-3（钩扣）+3（松量）}{2}=30$$

图4-41

（8）纸样检查（杯圈、杯边弧线），如图4-42所示。

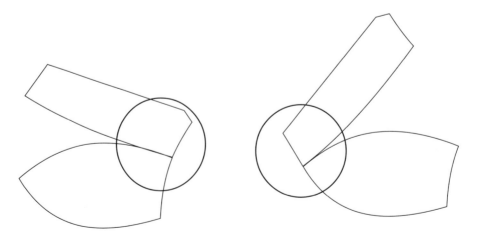

图4-42

（9）制作面料裁剪样板，如图4-43、图4-44所示。

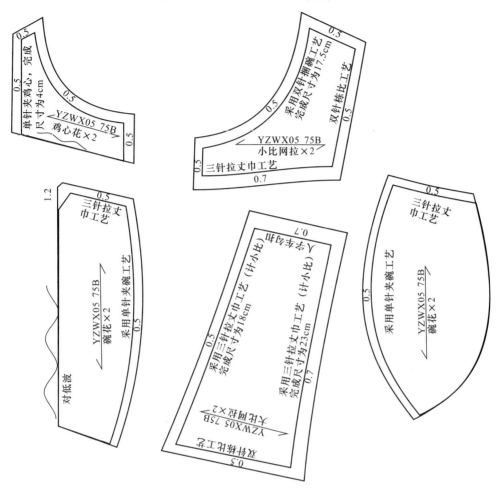

图4-43

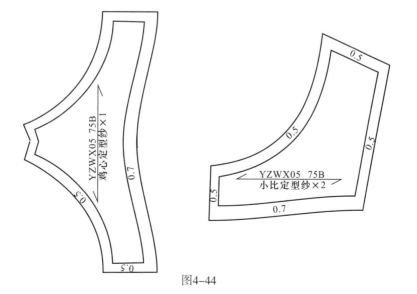

图4-44

2. 推板

档差：下围 4cm、杯圈 1.3cm、杯边 0.8cm、杯高 1cm、杯骨 1cm。

鸡心、小比定型纱放码可参照图 4-45 所示。

（1）比位放码，如图 4-45 所示。

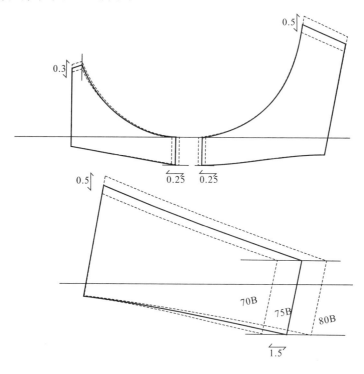

图4-45

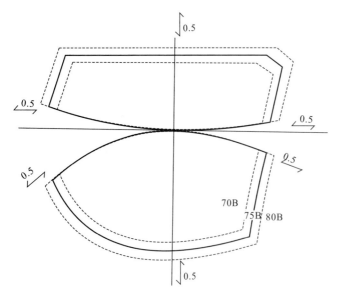

图4-46

（2）罩杯面布放码，如图 4-46 所示。

3. 课后作业

根据自己所准备的模杯并有配套的钢圈，绘制 75B 规格 1∶1 比例工业纸样。

注：面料为弹力花边、海绵、弹力布、平纹汗布等可根据自己需要选择。

第三节　看文胸实物出纸样

1. **根据YZWX06#款式图及75B规格绘制1：1比例工业纸样**

（1）YZWX06#款式图，如图4-47所示。

图4-47

部分部位的测量方法，如图4-48、图4-49所示。

图4-48

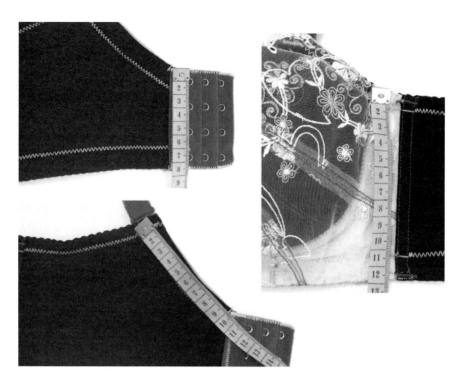

图4-49

（2）成品尺寸：其他部位的尺寸可以采用同样的测量方法得出：

下围第一扣测量为 59cm，杯边尺寸为 15.5cm，杯阔尺寸为 19cm，杯圈尺寸为 19.3cm，杯高尺寸为 12cm，夹弯尺寸为 6cm，杯骨尺寸为 17.3cm，鸡心上宽为 1.6cm，鸡心下宽为 12cm，鸡心高为 4cm，上比位 14cm，下比位 23.5cm，侧高为 12cm，比角为 9.5cm，勾扣宽为 7.5cm。

（3）采用的材料：主面料弹网拉、无弹单波花边、海绵、定型纱。

（4）工艺分析：上下比人字拉丈巾、碗花对低波、罩杯为海绵撞棉。

（5）制图方法。

①上下比拉丈巾工艺回缩量按照每 10cm 成品含 1cm 的比例取值。

②下扒宽为 4cm。

③配套钢圈比模杯杯圈短 1 ~ 1.5cm。

④注意钢圈的摆放要准确。

⑤注意杯底、夹弯弧线是否圆顺以及线条要美观。

（6）罩杯制图，如图 4-50 所示。

（7）比位制图，如图 4-51 所示。

（8）纸样检查（杯圈、杯边弧线），如图 4-52 所示。

（9）制作面料裁剪样板，如图 4-53 ~ 图 4-55 所示。

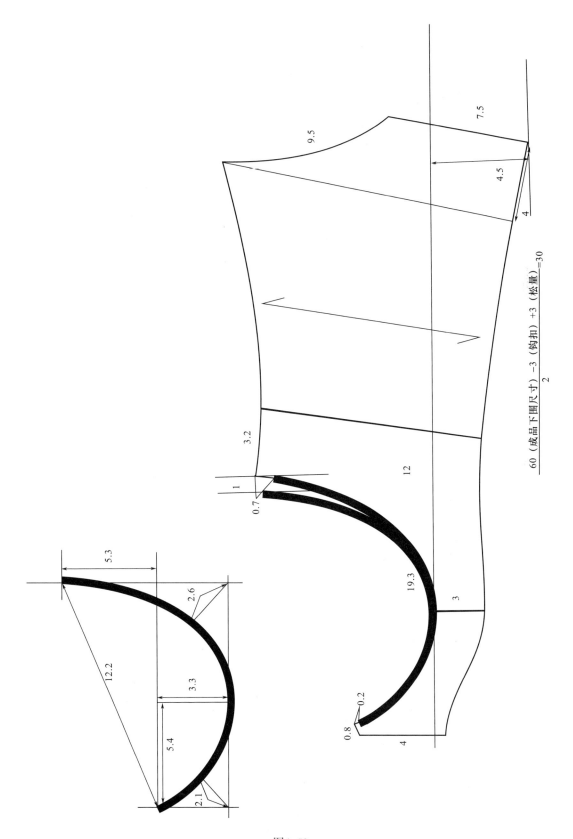

图4-50

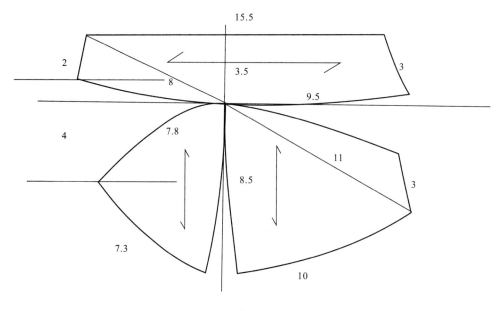

图4-51

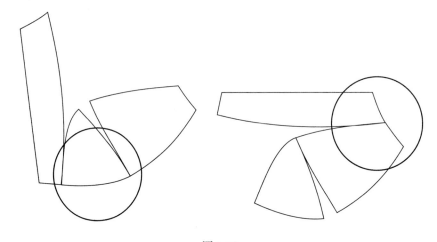

图4-52

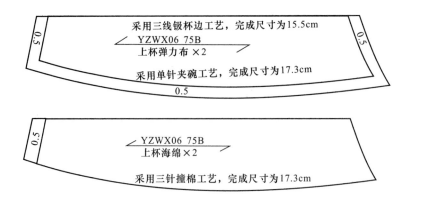

图4-53

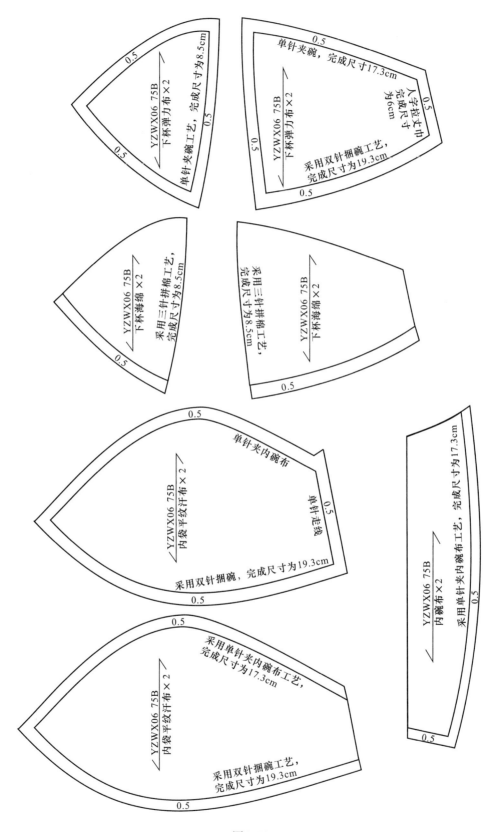

图4-54

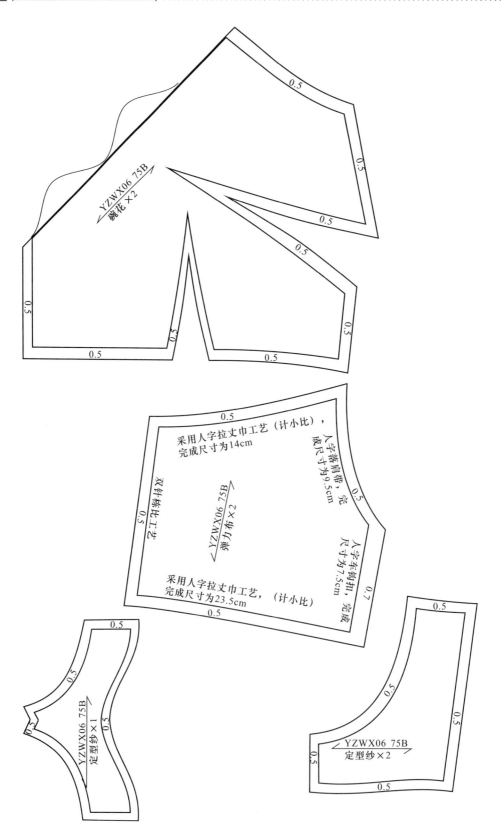

0.5

0.5

0.5

YZWX06 75B
绣花×2

0.5

0.5

0.5

0.5

0.5

0.5

0.5

0.5

采用人字拉丈巾工艺（计小比），
完成尺寸为14cm

人字搭肩带，完
成尺寸为9.5cm

双针栋比工艺

YZWX06 75B
弹力布×2

人字车钩扣，完成
尺寸为7.5cm

采用人字拉丈巾工艺，（计小比）
完成尺寸为23.5cm

0.5

0.7

0.5

0.5

0.5

0.5

0.5

YZWX06 75B
定型纱×1

0.5

0.5

0.5

0.5

YZWX06 75B
定型纱×2

0.5

0.5

0.5

图4-55

2. 推板

档差：下围 4cm、杯圈 1.3cm、杯边 0.8cm、杯高 1cm、杯骨 1cm。

（1）碗花放码，如图 4-56 所示。

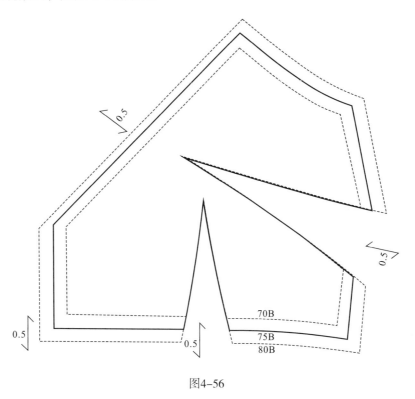

图4-56

（2）罩杯放码，如图 4-57 所示。

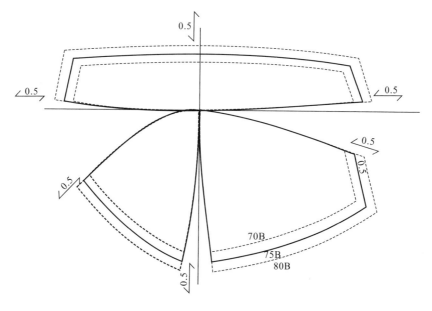

图4-57

（3）鸡心比位放码，如图 4-58 所示。

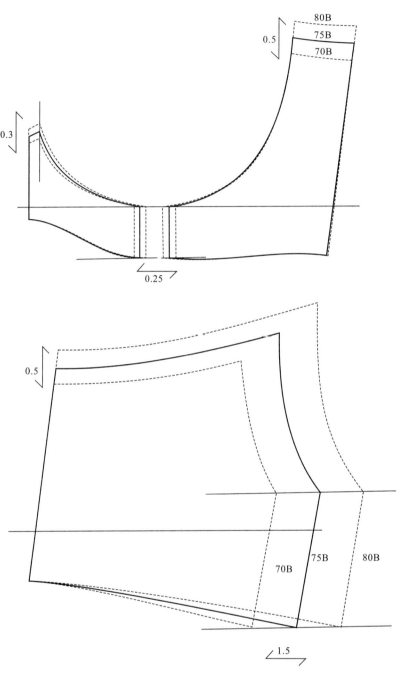

图4-58

3. 课后作业

根据自己准备的文胸样板绘制 75B 规格 1 : 1 比例工业纸样。

第五章 典型调整型文胸款式纸样与工艺

第一节 骨衣纸样与工艺

一、骨衣基本纸样与工艺

1. 根据YZTZX01#款式图及75B规格绘制1：1比例工业纸样

（1）YZTZX01# 款式图，如图 5-1 所示。

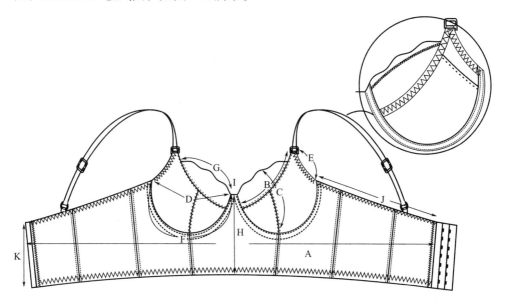

图5-1

（2）成品尺寸，如表 5-1 所示。

表5-1 单位：cm

A下围第一扣	60	D杯宽	20	G上杯边	14.5	J上比围	18
B杯骨	18	E肩夹	6.5	H前中长	14.5	K后中长	17.5
C杯高	13	F捆碗	20.5	I鸡心上宽	1.6		

（3）采用的材料：主面料采用弹力布、弹力花边、海绵、平纹汗布。

（4）工艺分析：上下比采用人字拉丈巾工艺、海绵采用三针撞棉工艺、海绵前幅采用三线钑骨工艺。

（5）制图方法。

① 上下比拉丈巾工艺回缩量按照每 10cm 成品含 1cm 的比例取值。

②注意钢圈的摆放要准确，捆碗长为钢圈内长加上一定的松量。

③为了整体效果美观，海绵的上杯可以比碗花的上杯尺寸少 0.2cm。

④注意杯底弧线和夹弯弧线是否圆顺。

⑤注意制图线条的美观。

比位制图，如图 5-2 所示。

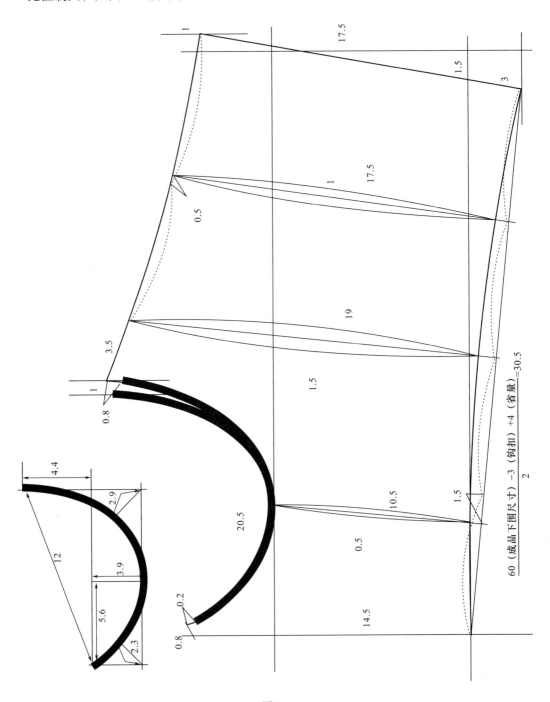

图5-2

罩杯制图，如图 5-3 所示。

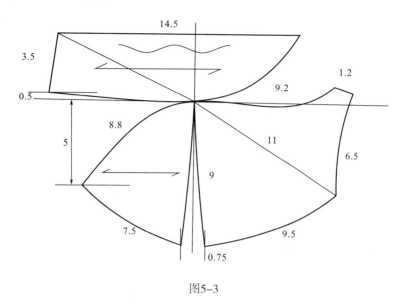

图5-3

（6）纸样检查（杯圈弧线），如图 5-4 所示。

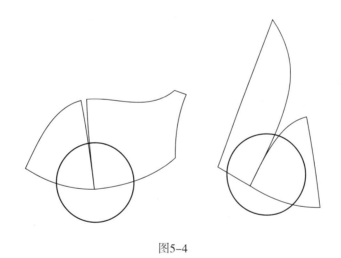

图5-4

（7）制作面料裁剪样板，如图 5-5 ～图 5-7 所示。

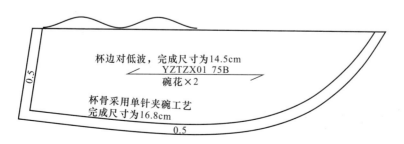

图5-5

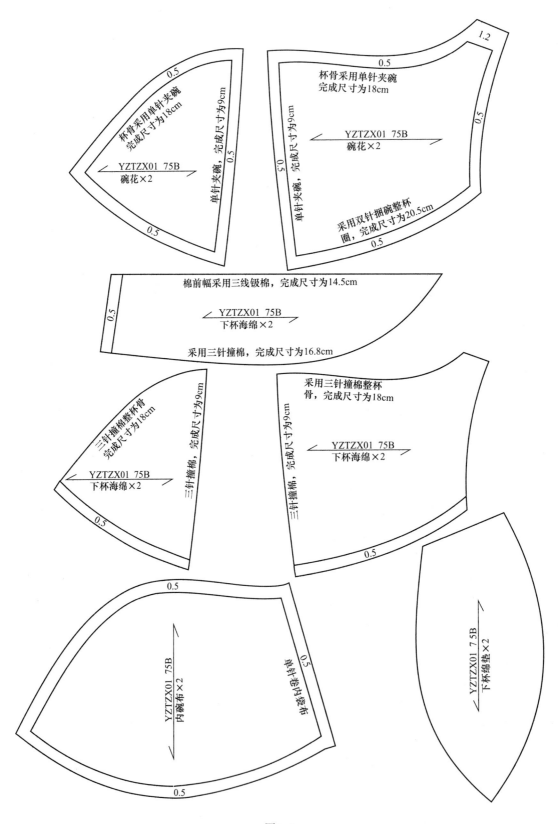

杯骨采用单针夹碗
完成尺寸为18cm

杯骨采用单针夹碗完成尺寸为18cm

YZTZX01 75B
碗花×2

单针夹碗，完成尺寸为9cm

1.2

YZTZX01 75B
碗花×2

单针夹碗，完成尺寸为9cm

单针夹碗，完成尺寸为9cm

采用双针捆碗整杯
圈，完成尺寸为20.5cm

棉前幅采用三线钑棉，完成尺寸为14.5cm

YZTZX01 75B
下杯海绵×2

采用三针撞棉，完成尺寸为16.8cm

采用三针撞棉整杯
骨，完成尺寸为18cm

三针撞棉整杯骨
完成尺寸为18cm

三针撞棉，完成尺寸为9cm

三针撞棉，完成尺寸为9cm

YZTZX01 75B
下杯海绵×2

三针撞棉，完成尺寸为9cm

YZTZX01 75B
下杯海绵×2

YZTZX01 75B
内碗布×2

单针捆碗完成尺寸

YZTZX01 7.5B
下杯绵垫×2

图5-6

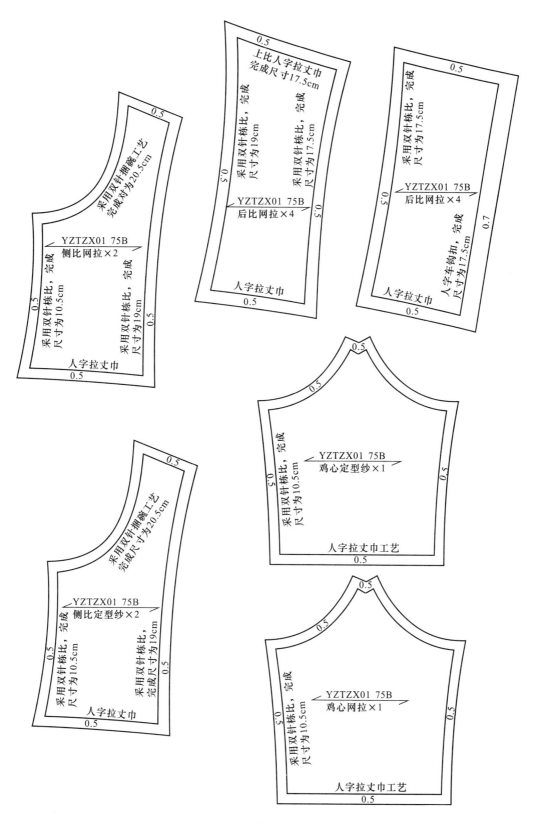

图5-7

（8）产品工艺表，如表5-2所示。

表5-2

盐步职业技术学校						
产品工艺表						
客款号：YZTZX01			款式：基本骨衣			
公司款号：××			日期：201×年×月×日			

序号	工序名称	车种	针型	缝份（cm）	面/底线	针数（3cm）	工艺要求
1	三针撞下碗棉	三针车	DP×5/10#		针线/针线	6个山0.6cm高	出入口对齐，左右棉密合车缝，针位正中，完成对称
2	单针卷内袋布2块	单针车	DB×1/8#圆嘴	0.5	针线/针线	14	用卷边革化折0.5cm缝份，沿边0.25cm缝份车缝，完成平服
3	单针走落内袋布2块	单针车	DB×1/9#	0.1	针线/针线	12	袋口对棉刀口并还针，其余两块对齐沿边0.1cm缝份车缝，完成对称
4	三线轧上碗棉前幅边	扎骨车	DC×1/10#	0.4	针线/尼龙线	21	按尺寸车缝，缝份均匀，不可露白，量尺寸
5	三针撞碗顶棉	三针车	DP×5/10#		针线/针线	6个山0.6cm高	心位对齐，上碗棉尖对下碗棉凸刀口，上下棉密合车缝。针位正中，不可有裂缝，要留出耳仔车，完成平服
6	单针夹下碗骨	单针车	DB×1/9#	0.5	针线/针线	14	头尾对齐并还针，缝份均匀
7	1/8双针开下碗骨	双针车	DP×5/10#	0.1	针线/针线	14	头尾还针，缝份左右分开，正面不可大小边
8	单针夹碗顶	单针车	DB×1/9#	0.5	针线/针线	14	心位对齐，花边低波对刀口，头尾还针，缝份均匀，完成碗顶要圆顺
9	1/8双针开碗顶	双针车	DP×5/10#	0.1	针线/针线	14	心位还针，缝份左右分开到耳位出口倒向一边缝份顺车拉出，不可大小，完成碗顶圆顺，对称
10	人字车前幅边	人字车	DP×5/10#	0.2	针线/针线	12个山0.25cm高	棉边平低波落0.2cm，心位对齐，夹碗预留0.7cm缝份，沿轧骨线中间车，只车花波位，头尾还针
11	单针笠棉连襟前幅弯位	单针车	DB×1/9#	0.1	针线/针线	12	碗骨对撞棉骨，夹碗预留0.7cm缝份，前幅耳仔弯位棉平布入0.1cm摆，沿轧骨线中车一道，车过花边1cm还针，其余沿边0.1cm缝份车缝，完成碗布紧松适中
12	单针走前中幅及前侧幅线共3块	单针车	DB×1/9#	0.1	针线/针线	10	两块对齐沿边走线，线路要松
13	单针走后幅线共4块	单针车	DB×1/9#	0.1	针线/针线	10	两块对齐沿边走线，线路要松
14	1/8双针捆鸡心咀	双针车	DP×5/10#	0.5	针线/针线	14	折入0.5cm缝份，沿边0.1cm缝份车，完成正面不可露纱

续表

序号	工序名称	车种	针型	缝份（cm）	面/底线	针数（3cm）	工艺要求
15	单针埋前侧骨共2道	单针车	DB×1/9#	0.5	针线/针线	14	头尾对齐并还针，缝份均匀，完成与原裁片等长，左右对称
16	5/16双针开前侧骨共2道	双针车	DP×5/10#	0.1	针线/针线	14	上碗位落0.6cm出入口还针并偷空0.6cm捆条口，缝份左右分开，正反面不可大小边，左右对称
17	单针埋后侧骨共2道	单针车	DB×1/9#	0.1	针线/针线	15	头尾对齐并还针，缝份均匀，完成与原裁片等长，左右对称
18	5/16双针开后侧骨共2道	双针车	DP×5/10#	0.1	针线/针线	14	缝份左右分开，正反面不可大小边，左右对称
19	单针埋左右侧骨共2道	单针车	DB×1/9#	0.1	针线/针线	15	头尾对齐并还针，缝份均匀，完成与原裁片等长，左右对称
20	5/16双针开左右侧骨共2道	双针车	DP×5/10#	0.1	针线/针线	14	缝份左右分开，正反面不可大小边，左右对称
21	单针上碗	单针车	DB×1/9#	0.5	针线/针线	14	头尾对齐并还针，缝份均匀，骨位对刀口，注意鸡心位不可大小高低，完成左右对称
22	手工前侧鱼鳞骨2条						按尺寸穿在贴肉计第三层
23	枣车锁下脚栋比口6个	枣车	DP×5/10#	0.7	针线/针线	42	距边0.7cm缝份锁，要锁满捆条宽度
24	手工剪下脚栋比口6个						距枣位0.1cm缝份剪，不可剪散枣位线
25	人字拉下脚丈根	人字车	DP×5/10#	0.5	针线/针线	12个山0.3cm高	按尺寸车缝，缝份均匀，不可上坑或落坑，线路靓，完成左右对称，量尺寸，拉不断线
26	人字襟下脚丈根	人字车	DP×5/10#	0.1	针线/针线	12个山0.3cm高	拔平面布不可扭纹，沿丈根边0.1cm缝份车缝，缝份均匀，线路松紧适中，车到栋比处要定位跳针，完成左右对称，量尺寸，拉不断线
27	手工穿鱼鳞骨4条						按尺寸穿在贴肉计第三层
28	枣车锁上比栋比口4个	枣车	DP×5/10#	0.7	针线/针线	42	按斜度沿边0.7cm缝份锁，锁满捆条宽度
29	手工剪上比栋比口4个						距枣位0.1cm缝份剪，不可剪散枣位线
30	人字拉上比连夹弯丈根连放耳仔	人字车	DP×5/10#	0.5	针线/针线	12个山0.3cm高	按尺寸车缝，缝份均匀，注意前耳仔与肩带宽度一致，两刀口之间放耳仔，线路松紧适中，完成对称，量尺寸，拉不断线
31	人字襟上比连夹弯丈根连襟耳仔	人字车	DP×5/10#	0.1	针线/针线	12个山0.3cm高	拔平面布，不可扭纹，沿丈根边0.1cm缝份车缝，缝份均匀，线路松紧适中，栋比处需定位跳针，完成左右对称，量尺寸，拉不断线

续表

序号	工序名称	车种	针型	缝份（cm）	面/底线	针数（3cm）	工艺要求
32	打细碗捆条	双针车	DP×5/10#		针线/针线	14	注意用3/16的双针车拆掉一根针后车，针位踩住捆条边，环口紧贴，不可爆口
33	3/16双针捆碗	双针车	DP×5/11#	0.1	针线/针线	14	头尾还针，按尺寸沿边0.1cm缝份车缝，缝份均匀，反面捆条不可大小边，或钢圈虚位，完成对称
34	单针车唛头	单针车	DB×1/9#	0.1	针线/针线	12	按刀口及码数放唛头，不可错码，不可歪斜
35	人字车勾圈	人字车	DP×5/10#	0.7	针线/针线	18个山0.3cm高	缝份均匀，线路平直，圈中唛头不能歪，两侧密锁至尾
36	单针顶前耳仔	单针车	DB×1/9#	0.1	针线/针线	12	耳仔对齐夹弯，耳仔口叠入0.5cm沿边0.1cm锁，完成左右对称
37	枣车锁钢圈口4个，前后耳仔6个，共10个	枣车	DP×5/10#	0.1	针线/针线	42	钢圈口按斜度沿边0.1cm锁，前耳仔第一个枣调高针位落坑锁，前后耳仔勾带位完成0.5cm宽，完成左右对称，不可有凸角
38	三线轧内托棉	轧骨车	DC×1/10#	0.4	针线/尼龙线	24	缝份均匀，转角轧，线路靓，不可露白，留1个线头封口
39	单针封棉咀1个连剪干净线头	单针车	DB×1/9#	0.1	针线/针线	14	复入轧骨内，沿边0.1cm缝份车缝，来回还针，并剪干净线头
40	剪线头						剪62个线头
41	勾肩带						调节扣在后，碗边勾扣向内，后比勾扣向勾圈位
42	穿钢圈						穿在贴肉计第三层，量钢圈图，对码数
43	剪钢圈捆条口4个						平齐布边剪切
44	入棉						配对入
45	1. 留意尺寸要准确、整洁、平服、对度要一致、不能拉断线（以拉尽布不断线为准）； 2. 留意布料易钩纱、烂； 3. 勤换针						

制表：　　　　　　审核：　　　　　　批准：

2. 推板

档差：下围4cm、杯圈1.3cm、杯边0.8cm、杯高1cm、杯骨1cm、鸡心嘴通用。

（1）罩杯放码，如图5-8所示。

（2）比位放码，如图5-9所示。

3. 课后作业

根据提供的文胸款式图（图5-10）和尺寸（表5-3）绘制75B规格1∶1比例工业纸样。

注：面料为弹力花边、海绵、弹力布、平纹汗布。

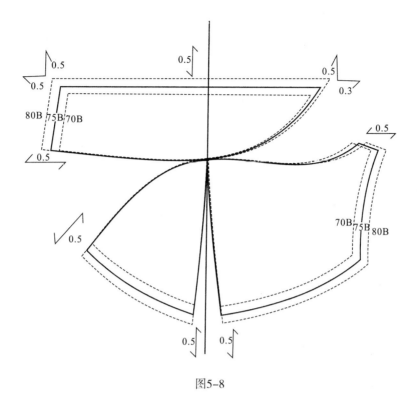

图5-8

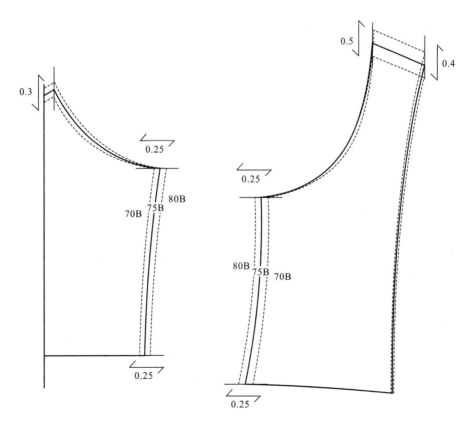

图5-9

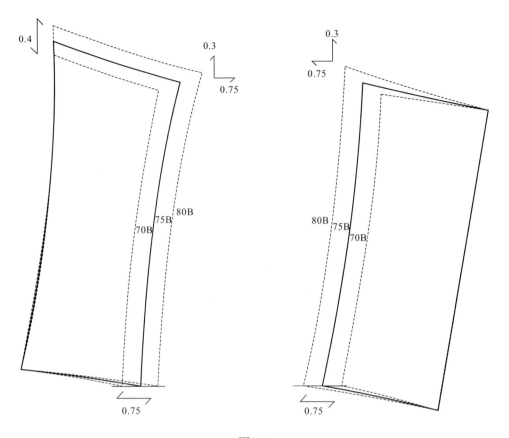

图5-9

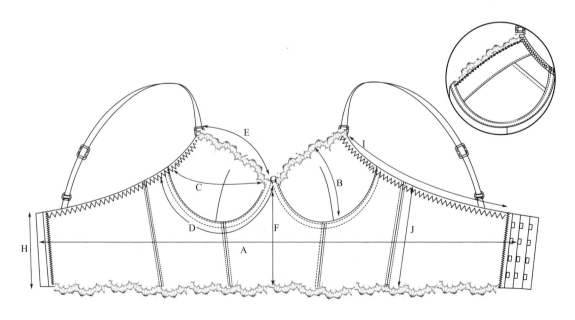

图5-10

表5-3   单位: cm

A下围第一扣	60	D捆碗	20.9	G鸡心上宽	1.6	J侧缝长	14
B杯高	12.5	E上杯边	15.5	H后中长	9		
C杯宽	20	F前中长	13.5	I上比围	16.5		

二、骨衣变化款式纸样与工艺

1. 根据YZTZX02#款式图及75B规格绘制1：1比例工业纸样

（1）YZTZX02# 款式图，如图5-11所示。

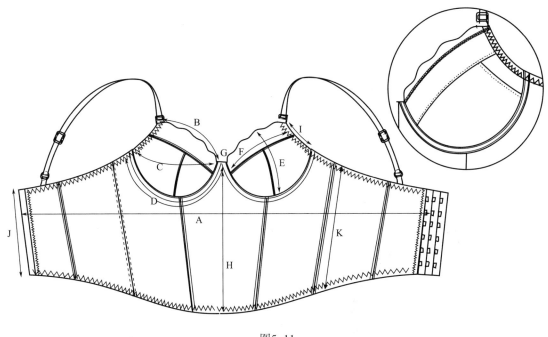

图5-11

（2）成品尺寸，如表5-4所示。

表5-4   单位: cm

A下围第一扣	60	D捆碗	19.3	G鸡心上宽	2	J后中长	18.5
B上杯边	15.5	E杯高	12	H前中长	25	K侧缝高	24.5
C杯宽	19	F杯骨	17.3	I肩夹	6		

（3）采用的材料：主面料采用弹力布、弹力花边、海绵、平纹汗布。

（4）工艺分析：上下比采用人字拉丈巾工艺、海绵采用三针撞棉工艺、海绵前幅采用三线钑骨工艺。

（5）制图方法。

①上下比拉丈巾工艺回缩量按照每10cm成品含1cm的比例取值。

② 捆碗长为钢圈内长加上一定的松量。

③ 注意钢圈的摆放要准确，注意腰围线的确定，在胸下围线下 11.5cm 处。

④ 为了整体效果美观，海绵的上杯可以比碗花的上杯尺寸少 0.2cm。

⑤ 注意杯底弧线和夹弯弧线是否圆顺。

⑥ 注意制图线条的美观。

比位制图，如图 5-12 所示。

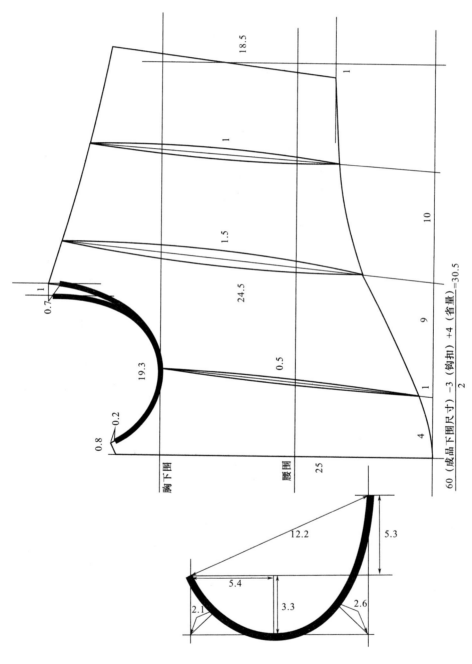

图5-12

罩杯制图，如图 5-13 所示。

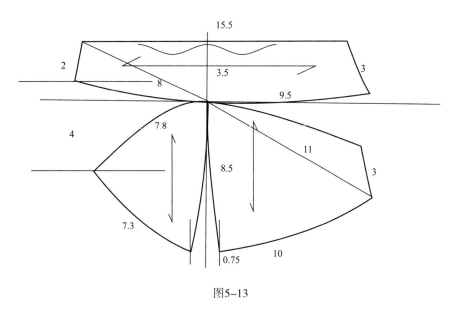

图5-13

（6）纸样检查（杯圈、夹弯弧线），如图 5-14 所示。

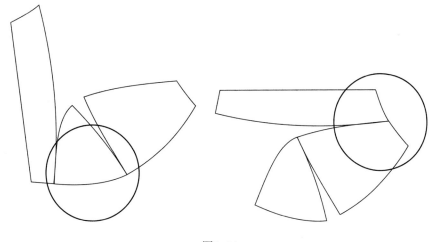

图5-14

（7）制作面料裁剪样板，如图 5-15 ~ 图 5-17 所示。

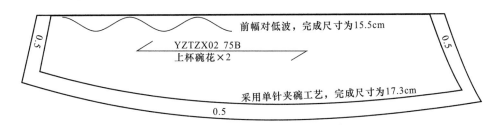

图5-15

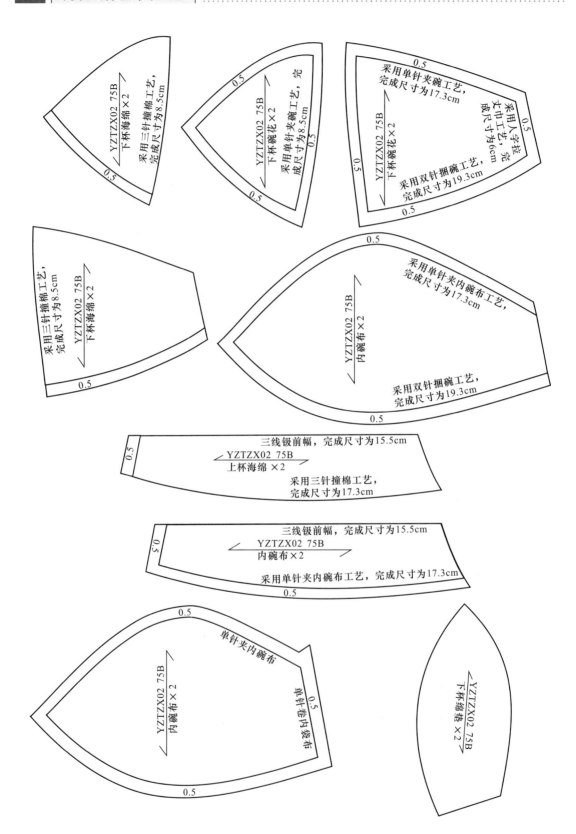

图5-16

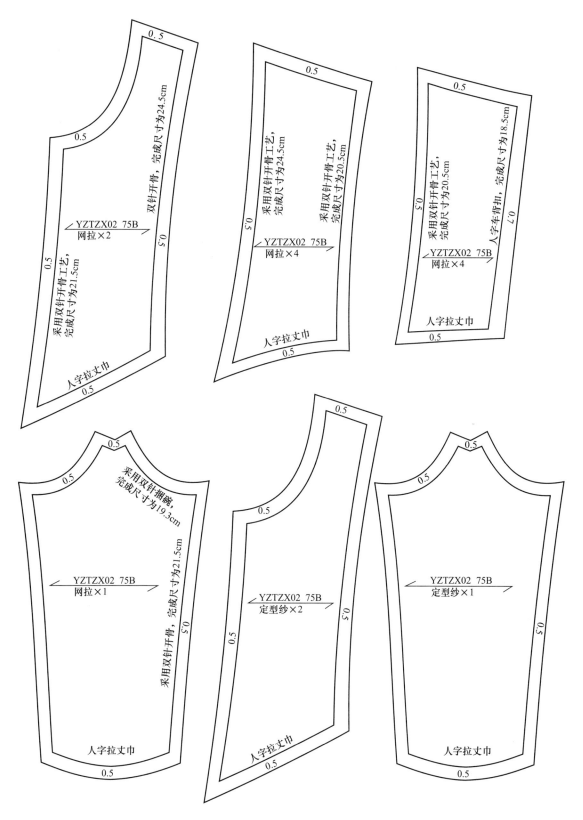

图5-17

（8）产品工艺表，如表5-5所示。

表5-5

盐步职业技术学校							
产品工艺表							
客款号：YZTZX02				款式：变化骨衣			
公司款号：××				日期：201×年×月×日			
序号	工序名称	车种	针型	缝份（cm）	面/底线	针数（3cm）	工艺要求
1	单针卷内袋布2块	单针车	DB×1/8#圆嘴	0.5	针线/针线	14	用卷边革化折0.5cm缝份，沿边0.25cm缝份车缝，完成平服
2	单针走落内袋布2块	单针车	DB×1/9#	0.1	针线/针线	12	两块对齐，袋口对棉刀口并还针，完成内袋布稍松，左右对称
3	单针夹内碗布顶	单针车	DB×1/8#圆嘴	0.5	针线/针线	14	头尾对齐并还针，缝份均匀线路松紧适中，完成与原裁片等长，对称，上碗布有刀口是心位，注意烂针孔
4	单针襟内碗布顶	单针车	DB×1/8#圆嘴	0.1	针线/针线	14	头尾对齐并还针，缝份倒向上，沿边0.1cm缝份车缝，缝份均匀，线路松紧适中，左右对称，注意烂针孔
5	单针笠内碗布	单针车	DB×1/9#	0.1	针线/针线	12	内碗布与棉布对齐，沿边0.1cm缝份车缝，线路松紧适中，完成左右对称，内碗布稍松
6	三线轧前幅边	轧骨车	DC×1/10#	0.4	针线/尼龙线	21	按尺寸车缝，缝份均匀，线路松紧适中，不可压长，不可露白，完成前幅边圆顺，左右对称，量尺寸
7	单针夹下碗骨	单针车	DB×1/9#	0.5	针线/针线	14	头尾对齐并还针，缝份均匀，左右对称
8	1/8双针开下碗骨	双针车	DP×5/10#	0.1	针线/针线	14	头尾还针，缝份左右分开，正面不可大小边
9	单针夹碗顶	单针车	DB×1/9#	0.5	针线/针线	14	头尾对齐并还针，缝份均匀，完成与原裁片等长，上碗花有刀口是心位
10	1/8双针开碗顶	双针车	DP×5/10#	0.1	针线/针线	14	头尾还针，缝份左右分开，正面不可大小
11	人字车前幅边	人字车	DP×5/10#	0.2	针线/针线	12个山0.25cm高	棉边平低波落0.2cm，心位对齐，夹碗预留0.7cm缝份，沿轧骨线中间车，头尾还针，人字不可大边或落坑，左右对称
12	单针笠棉	单针车	DB×1/9#	0.1	针线/针线	12	夹碗预留0.7cm缝份，笠顺碗顶，碗骨对包棉厄位，沿边0.1cm缝份车缝，完成碗布松紧适中，左右对称
13	单针走前中幅及前侧幅线共3块	单针车	DB×1/9#	0.1	针线/针线	10	两块对齐沿边走线，线路放松
14	单针走后幅线共4块	单针车	DB×1/9#	0.1	针线/针线	10	两块对齐沿边走线，线路放松
15	1/8双针捆鸡心咀	双针车	DP×5/10#	0.5	针线/针线	14	折入0.5cm缝份，沿边0.1cm缝份车，完成正面不可露纱
16	单针埋前幅骨共2道	单针车	DB×1/9#	0.5	针线/针线	15	头尾对齐并还针，缝份均匀，完成与原裁片等长，左右对称

序号	工序名称	车种	针型	缝份（cm）	面/底线	针数（3cm）	工艺要求
17	5/16 双针开前幅骨共 2 道	双针车	DP×5/10#	0.1	针线/针线	14	上碗位落 0.6cm 出入口还针并偷空 0.6cm 捆条口，缝份左右分开，正反面不可大小边，左右对称
18	单针埋后幅骨及侧骨共 4 道	单针车	DB×1/9#	0.5	针线/针线	15	头尾对齐并还针，缝份均匀，完成与原裁片等长，左右对称
19	5/16 双针开后幅骨及侧骨共 4 道	双针车	DP×5/10#	0.1	针线/针线	14	缝份左右分开，正反面不可大小边，左右对称
20	单针上碗	单针车	DB×1/9#	0.5	针线/针线	14	头尾对齐并还针，缝份均匀，骨位对刀口注意鸡心位不可大小高低，完成左右对称
21	手工前侧鱼鳞骨 2 条						按尺寸穿在贴肉计第三层
22	枣车锁下脚栋比口 6 个	枣车	DP×5/10#	0.7	针线/针线	42	距边 0.7cm 缝份锁，要锁满捆条宽度
23	手工剪下脚栋比口 6 个						距枣位 0.1cm 缝份剪，不可剪散枣位线
24	人字拉下脚丈根	人字车	DP×5/10#	0.5	针线/针线	12个山0.3cm高	按尺寸车缝，缝份均匀，不可上坑或落坑，线路靓，完成左右对称，量尺寸，拉不断线
25	人字襟下脚丈根	人字车	DP×5/10#	0.1	针线/针线	12个山0.3cm高	拔平面布，不可扭纹，沿丈根边 0.1cm 缝份车缝，缝份均匀，线路松紧适中，车至栋比要定位跳针，完成左右对称，量尺寸，拉不断线
26	手工穿鱼鳞骨 4 条						按尺寸穿在贴肉计第三层
27	枣车锁上比栋比口 4 个	枣车	DP×5/10#	0.7	针线/针线	42	按斜度沿边 0.7cm 缝份锁，锁满捆条宽度
28	手工剪上比栋比口 4 个						距枣位 0.1cm 缝份剪，不可剪散枣位线
29	人字拉上比连夹弯丈根连放耳仔	人字车	DP×5/10#	0.5	针线/针线	12个山0.3cm高	按尺寸车缝，缝份均匀，注意前耳仔与肩带宽度一致，两刀口之间放耳仔，线路松紧适中，完成左右对称，量尺寸，拉不断线
30	人字襟上比连夹弯丈根连襟耳仔	人字车	DP×5/10#	0.1	针线/针线	12个山0.3cm高	拔平面布，不可扭纹，沿丈根边 0.1cm 缝份车缝，缝份均匀，线路松紧适中，栋比处需定位跳针，完成左右对称，量尺寸，拉不断线
31	打捆碗捆条	双针车	DP×5/10#		针线/针线	14	注意用 3/16 的双针车拆掉一根针后车，针位踩住捆条边，环紧贴，不可爆口
32	3/16 双针捆碗	双针车	DP×5/11#	0.1	针线/针线	14	头尾还针，按尺寸沿边 0.1cm 缝份车缝，缝份均匀，反面捆条不可大小边或钢圈虚位，完成左右对称
33	单针车唛头	单针车	DB×1/9#	0.1	针线/针线	12	按刀口及码数放唛头，不可错码，不可歪斜
34	人字车勾圈	人字车	DP×5/10#	0.7	针线/针线	18个山0.3cm高	缝份均匀，线路平直，圈中唛头不能歪，两侧密锁至尾

续表

序号	工序名称	车种	针型	缝份（cm）	面/底线	针数（3cm）	工艺要求
35	单针顶前耳仔	单针车	DB×1/9#	0.1	针线/针线	12	耳仔对齐夹弯，耳仔口叠入0.5cm沿边0.1cm车，左右对称
36	枣车锁钢圈口4个，前后耳仔6个，共10个	枣车	DP×5/11#	0.1	针线/针线	42	钢圈口按斜度沿边0.1cm锁，前耳仔第一个枣调高针位落坑锁，前后耳仔勾带位完成0.5cm宽，左右对称，不可有凸角
37	三线轧内托棉	轧骨车	DC×1/10#	0.4	针线/尼龙线	24	缝份均匀，转角轧，线路靓，不可露白，留1个线头封口
38	单针封棉咀1个连剪干净线头	单针车	DB×1/9#	0.1	针线/针线	14	复入轧骨线，沿边0.1cm缝份车缝，来回还针，并剪干净线头
39	剪线头						剪62个线头
40	勾肩带						调节扣在后，碗边勾扣向内，后比勾扣向勾圈位
41	穿钢圈						穿在贴肉计第三层，量钢圈图，对码数
42	剪钢圈捆条口4个						平齐布边剪切
43	入棉						配对入
44	1. 留意尺寸要准确、整洁、平服、对度要一致、不能拉断线（以拉尽布不断线为准）； 2. 留意布料易钩纱、烂； 3. 勤换针						

制表：　　　　　　　　审核：　　　　　　　　批准：

2. 推板

档差：下围4cm、杯圈1.3cm、杯边0.8cm、杯高1cm、杯骨1cm、鸡心嘴通用。

（1）罩杯放码，如图5-18所示。

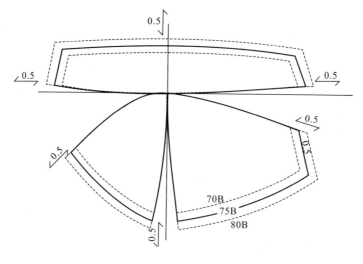

图5-18

（2）比位放码，如图5-19所示。

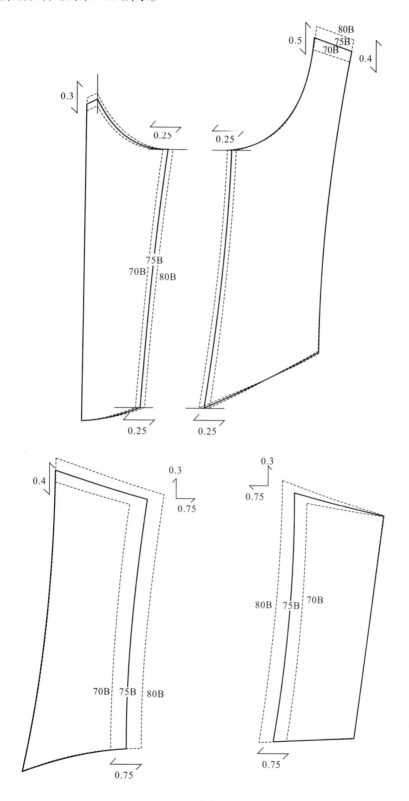

图5-19

3．课后作业

根据提供的文胸款式图（图5-20）和尺寸（表5-6）绘制75B规格1：1比例工业纸样。

注：面料为弹力花边、海绵、弹力布、平纹汗布。

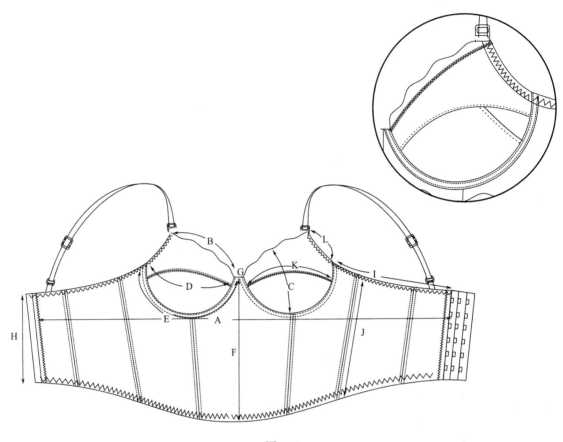

图5-20

表5-6
单位：cm

A下围第一扣	60	D杯宽	20	G鸡心上宽	2	J侧缝长	22
B上杯边	15	E捆碗	20.9	H后中长	15		
C杯高	13	F前中长	25	I上比围	18.5		

第二节　连身衣纸样与工艺

一、连身衣基本纸样与工艺

1．根据YZTZX03#款式图及M规格绘制1：1比例工业纸样

（1）YZTZX03# 款式图，如图5-21所示。

（2）成品尺寸，如表5-7所示。

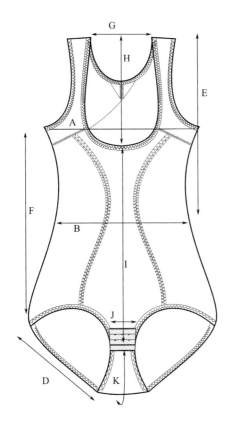
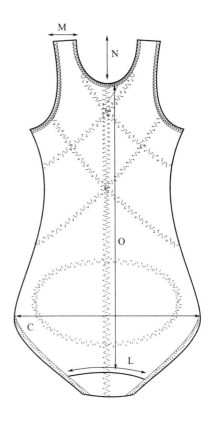

图5-21

表5-7 单位：cm

A胸围	67	E腰节长	35	I前中长	34	M肩宽	4.5
B腰围	54	F侧缝长	38	J前档宽	6.5	N后领深	10
C臀围	72	G领宽	14	K档长	16	O后中长	49
D脚口/2	20.5	H前领深	21	L后档宽	18.5		

（3）采用的材料：主面料采用强力网拉、平纹汗布。

（4）工艺分析：领口采用人字包边工艺，前侧、后中采用三针开骨工艺，脚口采用人字拉丈巾工艺。

（5）制图方法，如图5-22所示。

①上下比拉丈巾工艺回缩量按照每10cm成品含1cm的比例取值。

②注意胸围线、腰围线、臀围线的确定。

③前幅为了增加胸围的容量，可以增加2cm。

④注意脚口弧线是否圆顺。

⑤注意制图线条的美观。

（6）纸样检查（交口弧线），如图5-23所示。

（7）制作面料裁剪样板，如图5-24～图5-26所示。

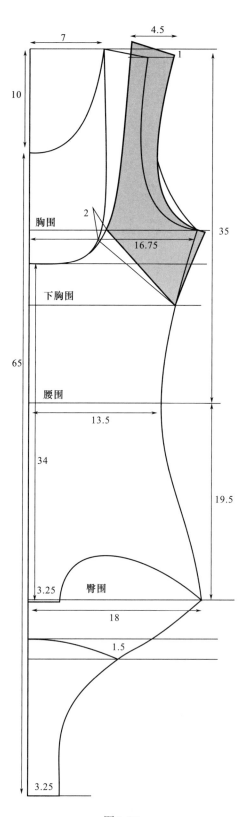

图5-22

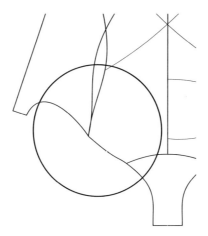

图5-23

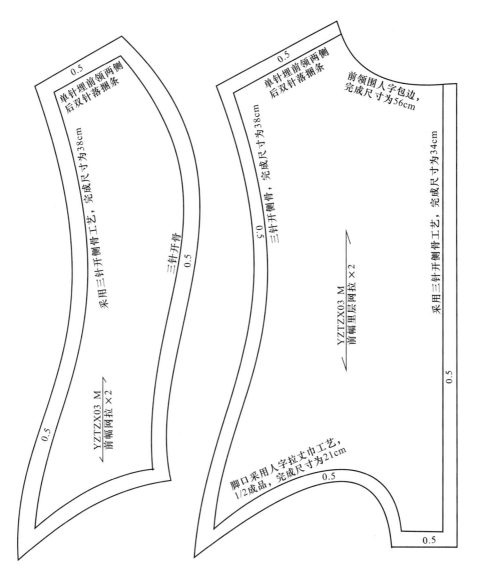

图5-24

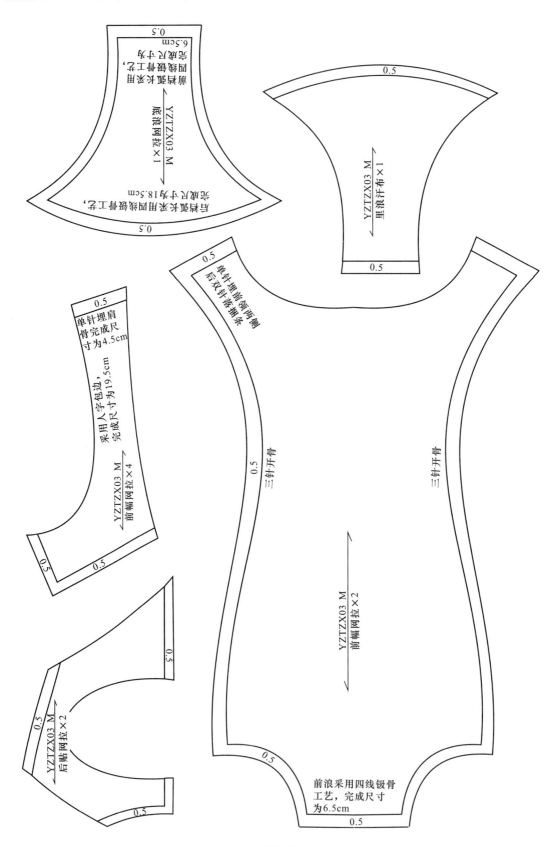

底浪网拉×1 YZTZX03 M

后领弧长采用四线锁春工艺，完成尺寸为18.5cm

领弧长采用四线锁春工艺，完成尺寸为6.5cm

里浪汗布×1 YZTZX03 M

单针里前领两侧后双针落拼条

单针埋肩骨完成尺寸为4.5cm

采用人字包边，完成尺寸为19.5cm

前幅网拉×4 YZTZX03 M

三针开骨

三针开骨

前幅网拉×2 YZTZX03 M

后贴网拉×2 YZTZX03 M

前浪采用四线锁骨工艺，完成尺寸为6.5cm

图5-25

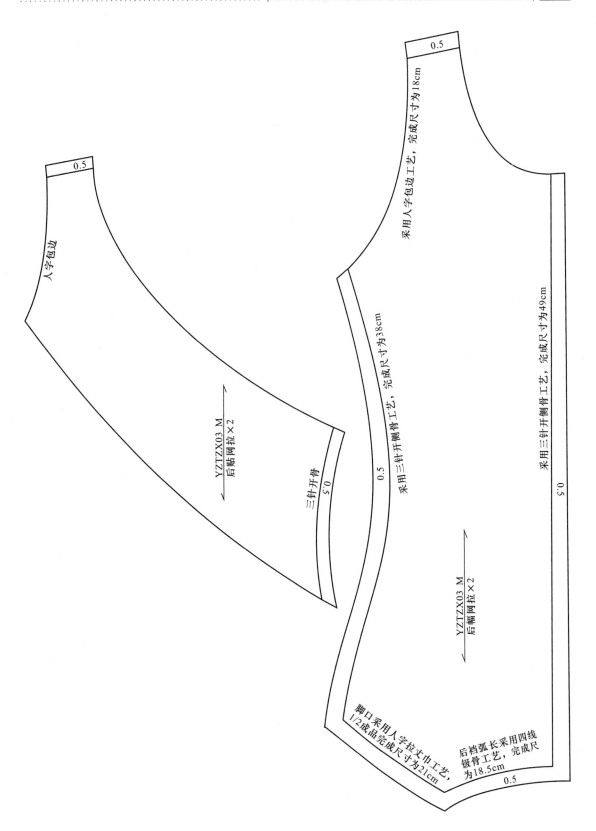

0.5

人字包边

0.5

采用人字包边工艺，完成尺寸为18cm

采用三针开侧骨工艺，完成尺寸为38cm

0.5

采用三针开侧骨工艺，完成尺寸为49cm

YZTZX03 M
后贴网拉×2

三针开骨

0.5

0.5

YZTZX03 M
后幅网拉×2

脚口采用人字拉夹巾工艺，
1/2成品完成尺寸为21cm

后档弧长采用四线
钑骨工艺，完成尺
为18.5cm

0.5

图5-26

（8）产品工艺表，如表5-8所示。

表5-8

盐步职业技术学校 产品工艺表							
客款号：YZTZX03			款式：基本塑身衣				
公司款号：××			日期：201×年×月×日				
序号	工序名称	车种	针型	缝份（cm）	面/底线	针数（3cm）	工艺要求
1	单针走前中幅及前中幅内贴线共3块	单针车	DB×1/9#	0.1	针线/针线	10	两块对齐，沿边0.1cm缝份车缝，线路放松，完成平服
2	单针埋前侧骨共2道	单针车	DB×1/9#	0.6	针线/丈根线	14	头尾对齐并还针，缝份均匀，线路松紧适中，完成与原裁片等长
3	三针开侧骨共2道	三针车	DP×5/10#		针线/针线	6个山0.7cm高	缝份左右分开，头尾定针，不可大小边，线路松紧适中，不可烂针孔，完成与原裁片等长，左右对称，不可拉断线
4	单针走前肩贴线	单针车	DB×1/9#	0.1	针线/针线	10	两块对齐，沿边0.1cm缝份走线，线路放松
5	单针埋前领两侧	单针车	DB×1/9#	0.7	针线/针线	14	头尾对齐及还针，缝份均匀，线路松紧适中，完成平服，左右对称，完成与原裁片等长
6	1/4双针捆前领两侧落捆条	双针车	DP×5/10#	0.1	针线/针线	14	缝份倒向下，头尾还针，沿边0.1cm缝份车，线路松紧适中，不可烂针孔，完成与原裁片等长
7	单针走后下幅内贴线	单针车	DB×1/9#	0.1	针线/针线	10	内贴对刀口，其余两块对齐，沿边0.1cm缝份车缝，线路放松
8	三针间后下幅内贴	三针车	DP×5/10#	0.2	针线/针线	6个山0.7cm高	沿边0.2cm缝份车缝，不能落坑，线路松紧适中，不能起波浪，完成平服，左右对称，拉不断线
9	单针埋后中骨	单针车	DB×1/9#	0.6	针线/丈根线	14	头尾对齐并还针，缝份均匀，线路松紧适中，完成与原裁片等长
10	三针开后中骨	三针车	DP×5/10#		针线/针线	6个山0.7cm高	缝份左右分开，头尾定针，不可大小边，线路松紧适中，不可烂针孔，完成与原裁片等长，左右对称
11	手工画后中幅X线						按纸格画线，左右对称
12	单针走后上幅X位内贴线	单针车	DB×1/9#	0.1	针线/针线	10	对刀口位，其余对齐沿边走线，线路放松
13	三针间后上幅X四道	三针车	DP×5/10#	0.2	针线/针线	6个山0.7cm高	对画线位，沿边0.2cm缝份车缝，缝份均匀。线路松紧适中，不能起波浪，完成要平服，左右对称，拉不断线

续表

序号	工序名称	车种	针型	缝份（cm）	面/底线	针数（3cm）	工艺要求
14	四线轧包后裆弧线	轧骨车	DC×1/10#	0.5	针线/尼龙线	18	头尾对齐，缝份均匀，完成平服，左右对称
15	单针走浪线	单针车	DB×1/9#	0.1	针线/针线	10	两块对齐，沿边0.1cm缝份车缝，线路放松，完成平服，左右对称
16	单针埋左右侧骨及放唛头	单针	DB×1/9#	0.6	针线/丈根线	14	头尾对齐并还针，缝份均匀，唛头放与穿身右内贴刀口位，线路松紧适中，完成平服，左右对称
17	三针开左右侧骨	三针车	DP×5/10#		针线/针线	6个山0.7cm高	缝份左右分开，头尾定针，不可大小边，线路松紧适中，不可烂针孔，完成与原裁片等长，对称，拉不断线
18	人字拉裤比丈根	人字车	DP×5/10#	0.5	针线/针线	12个山0.3cm高	按尺寸车缝，缝份均匀，线路松紧适中，完成量尺寸，拉不断线
19	人字襟裤比丈根	人字车	DP×5/10#	0.1	针线/针线	12个山0.3cm高	拔平面布，不可扭纹，沿丈根边0.1cm缝份车缝，缝份均匀，线路松紧适中，完成量尺寸，拉不断线，左右对称
20	三线轧前浪散口	轧骨车	DC×1/10#	0.4	针线/尼龙线	18	缝份均匀，平服
21	人字车勾圈	人字车	DP×5/10#	0.7	针线/针线	18个山0.3cm高	缝份均匀，线迹平直，两侧落坑锁，不可歪斜，圈位居中车，转角顺形
22	单针埋左右肩骨	单针车	DB×1/9#	0.6	针线/丈根线	14	头尾对齐并还针，缝份均匀，线路松紧适中，完成平服，左右对称
23	三针开左右肩骨	三针车	DP×5/10#		针线/针线	6个山0.3cm高	缝份左右分开，头尾顶针，不可大小边，线路松紧适中，不可烂针孔，完成与原裁片等长，左右对称
24	人字包领口一周	人字车	DP×5/10#	0.6	针线/尼龙线	12个山0.3cm高	穿身计左肩骨落针，按尺寸包满缝份，不可爆口，接头处包中对齐相踏1.5cm并留长包边巾打枣，底面线路松紧适中，左右对称，拉不断线，量尺寸
25	人字包夹圈一周	人字车	DP×5/10#	0.6	针线/尼龙线	12个山0.3cm高	从侧骨位落针，按尺寸包满缝份，不可爆口，接头处包中对齐相踏1.5cm并留长包边巾打枣，底面线路松紧适中，左右对称，拉不断线，量尺寸
26	枣车锁包边巾口3个	枣车	DP×5/12#	0.2	针线/针线	36	将包边巾散口折入沿边0.2cm锁，左右对称，不可有凸角
27	剪线头						剪50个线头连拉断及挑走前后幅单针假线
28	1. 留意尺寸要准确、整洁、平服、对度要一致、不能拉断线（以拉尽布不断线为准） 2. 留意布料易钩纱、烂； 3. 勤换针							

制表：　　　　　　审核：　　　　　　批准：

2. 推板

档差：胸围 4cm、腰围 4cm、臀围 4cm、前中 1cm、后中 1cm、侧缝 1cm、比围 1cm、底浪通用。

放码，如图 5-27 ~ 图 5-29 所示。

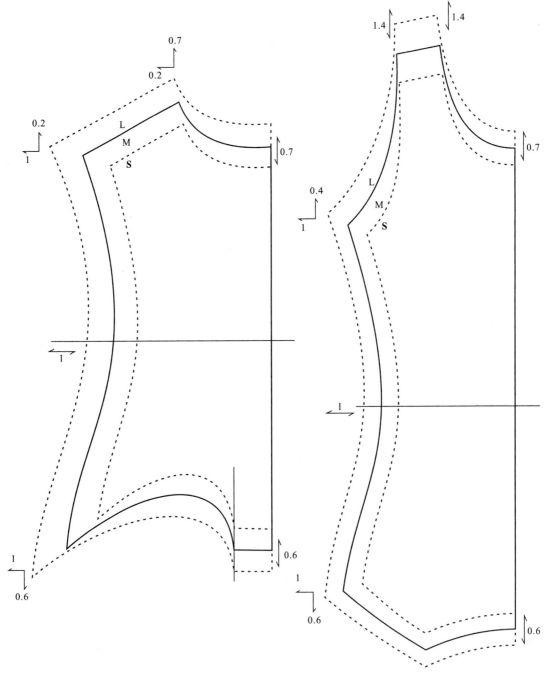

图5-27

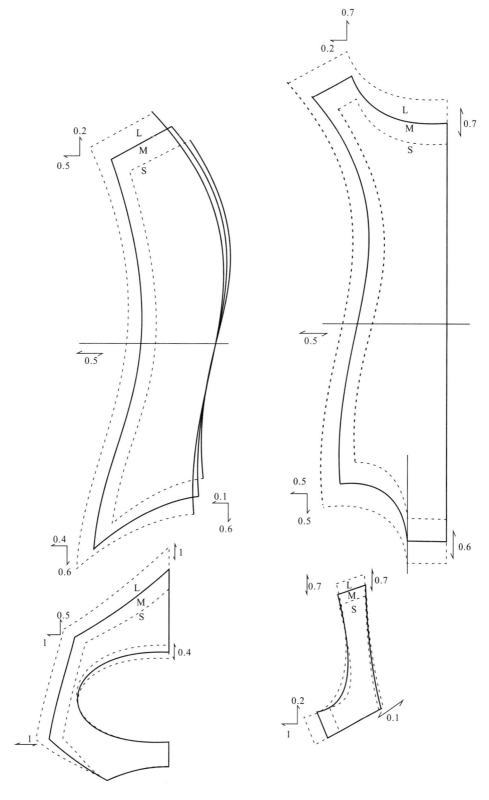

图5-28

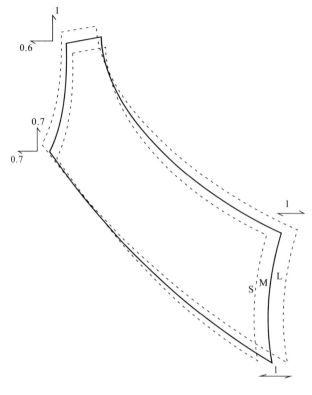

图5-29

3. 课后作业

根据提供的文胸款式图（图 5-30）绘制 M 规格 1 ∶ 1 比例工业纸样，尺寸自定。

注：面料为弹力花边、平纹汗布、强力网拉。

图5-30

二、连身衣变化款式纸样与工艺

1. 根据YZTZX04#款式图及75B规格绘制1∶1比例工业纸样

（1）YZTZX04# 款式图，如图 5-31 所示。

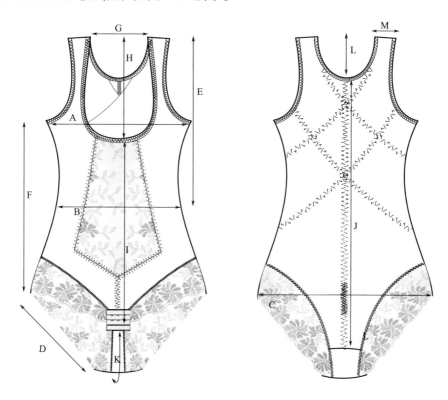

图5-31

（2）成品尺寸，如表 5-9 所示。

表5-9　　　　　　　　　　　　　　　　　　　　　　　　　　　　　　　　　单位：cm

A胸围	64	E腰节长	35	I前中长	34	M肩宽	4.5
B腰围	52	F侧缝长	34	J后中长	49		
C臀围	74	G领宽	14	K裆长	16		
D1/2脚口	21	H前领深	21	L后领深	18.5		

（3）采用的材料：主面料采用强力网拉、弹力花边、平纹汗布。

（4）工艺分析：领口采用人字包边工艺、左右侧骨采用三针开骨工艺，脚口花边采用四线钑埋工艺。

（5）制图方法，如图 5-32 所示。

① 上下比拉丈巾工艺回缩量按照每 10cm 成品含 1cm 的比例取值。

② 可以参考基本纸样图 5-28，确定胸围线、腰围线、臀围线。

③ 注意脚口花边的制图，参考基本纸样制图然后修改成花边的纸样，如图 5-40 所示，把多余的量要减掉，实线为修改后的纸样。

④ 注意脚口弧线是否圆顺以及制图线条的美观。

⑤ 在前领胸围处增加 2cm 容量。

⑥ 注意后贴的分割。

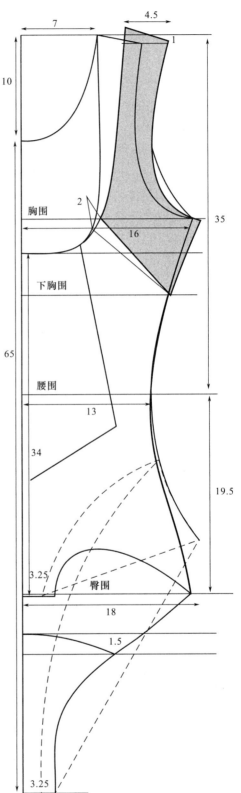
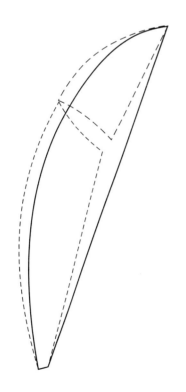

图5-32

（6）制作面料裁剪样板，如图5-33、图5-34所示。

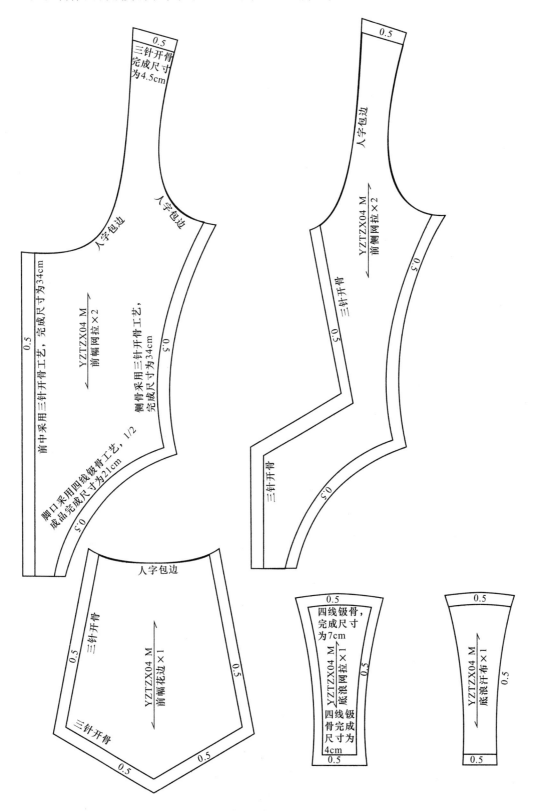

图5-33

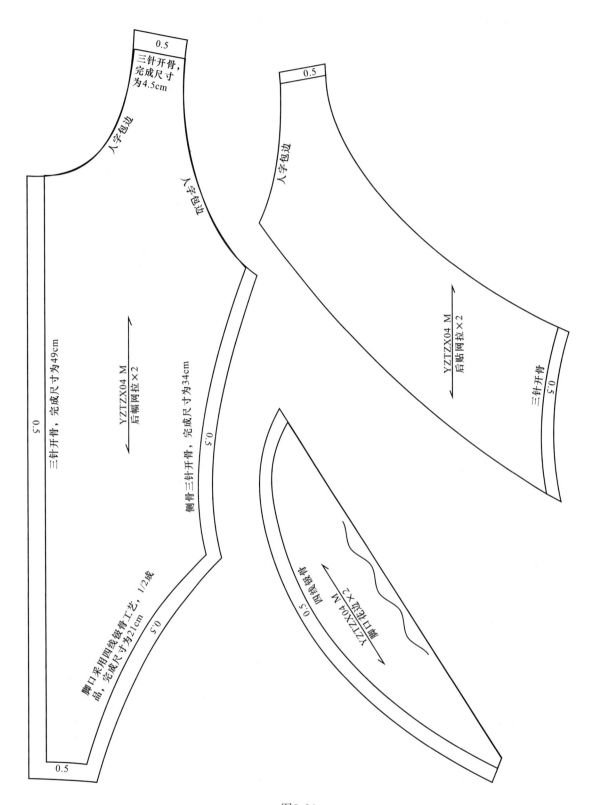

0.5

三针开骨，完成尺寸为4.5cm

人字包边

净色套入

0.5

三针开骨，完成尺寸为49cm

YZTZX04 M
后幅网拉×2

侧骨三针开骨，完成尺寸为34cm

0.5

脚口采用四线钑骨工艺，1/2成品，完成尺寸为21cm

0.5

0.5

0.5

人字包边

YZTZX04 M
后贴网拉×2

三针开骨

0.5

YZTZX04 M
脚口贴花×2

圆线钑骨

0.5

图5-34

（7）产品工艺表，如表5-10所示。

表5-10

盐步职业技术学校						
产品工艺表						
客款号：YZTZX04			款式：变化塑身衣			
公司款号：××			日期：201×年×月×日			

序号	工序名称	车种	针型	缝份（cm）	面/底线	针数（3cm）	工艺要求
1	单针走前中幅线	单针车	DB×1/9#	0.1	针线/针线	10	两块对齐，沿边0.1cm缝份车缝，缝份均匀，线路放松
2	单针埋前中骨	单针车	DB×1/9#	0.6	针线/丈根线	14	头尾对齐并还针，缝份均匀，线路松紧适中，完成平服
3	三线开前中骨	三针车	DP×5/10#		针线/针线	6个山0.7cm高	头尾还针，缝份左右分开，底面线松紧适中，不可拖长或缩皱，平服，完成与原裁片等长，不可拉断线
4	单针埋前中幅两侧	单针	DB×1/9#	0.6	针线/针线	14	头尾对齐并还针，前中幅尖角位对前中骨，缝份均匀，线路松紧适中，完成平服，左右对称
5	三针开前中幅两侧	三针车	DB×1/9#		针线/丈根线	6个山0.7高	头尾还针，缝份左右分开，不可大小边，转角车，线路松紧适中，完成与原裁片等长
6	单针埋后中骨	单针车	DB×1/9#	0.4	针线/丈根线	14	头尾对齐并还针，缝份均匀，线路松紧适中，完成与原裁片等长
7	三线开后中骨	三针车	DP×5/10#		针线/针线	6个山0.7cm高	缝份左右分开，刀口至刀口之间按尺寸均匀缩皱，线路松紧适中，左右落针对称，不可拖长或缩皱，完成平服，左右对称，不可拉断线，量尺寸
8	手工画后幅X线						按纸格画线，左右对称
9	单针走后幅X位内贴线	单针车	DB×1/9#	0.1	针线/针线	10	对刀口放，其余对齐沿边走线，线路放松
10	三针间后幅X位四道	三针车	DP×5/10#	0.2	针线/针线	6个山0.7cm高	对画线位，沿边0.2cm缝份车缝，缝份均匀。线路松紧适中，不能起波浪，完成要平服，左右对称，拉不断线
11	四线钑包后档	轧骨车	DC×1/10#	0.5	针线/尼龙线	18	头尾对齐，缝份均匀，平服，左右对称
12	单针走浪线	单针车	DB×1/9#	0.1	针线/针线	10	两块对齐，沿边0.1cm缝份车缝，线路放松，完成平服，左右对称
13	单针埋左右侧骨及放唛头	单针	DB×1/9#	0.6	针线/丈根线	14	头尾对齐并还针，缝份均匀，唛头放与穿身计右内贴刀口位，线路松紧适中，完成平服，左右对称

续表

序号	工序名称	车种	针型	缝份（cm）	面/底线	针数（3cm）	工艺要求
14	三针开左右侧骨	三针车	DP×5/10#		针线/针线	6个山0.7cm高	缝份左右分开，头尾定针，不可大小边，线路松紧适中，不可烂针孔，完成与原裁片等长，左右对称，拉不断线
15	四线钑埋裤比花	轧骨车	DC×1/10#	0.5	针线/尼龙线	18	头尾对齐，花边刀口对侧骨，缝份均匀，线路松紧适中，完成平服，左右对称
16	人字襟裤比花	人字车	DP×5/10#	0.1	针线/针线	12个山0.3cm高	缝份倒向上，沿边0.1cm襟线，缝份均匀，人字不可大边或落坑，线路松紧适中，完成平服，左右对称，拉不断线
17	三线钑前裆散口	轧骨车	DC×1/10#	0.4	针线/尼龙线	18	缝份均匀，完成平服
18	人字车勾圈	人字车	DP×5/10#	0.7	针线/针线	18个山0.3cm高	缝份均匀，线迹平直，两侧落坑锁，不可歪斜，圈位居中车，转角顺形
19	单针埋左右肩骨	单针车	DB×1/9#	0.6	针线/尼龙线	14	头尾对齐并还针，缝份均匀，线路松紧适中，完成平服，左右对称
20	三针开左右肩骨	三针车	DP×5/10#		针线/针线	6个山0.3cm高	缝份左右分开，头尾顶针，不可大小边，线路松紧适中，不可烂针孔，完成与原裁片等长，左右对称
21	人字包领口一周	人字车	DP×5/10#	0.6	针线/尼龙线	12个山0.3cm高	穿身计左肩骨落针，按尺寸包满缝份，不可爆口，接头处包中对齐相踏1.5cm并留长包边巾打枣，底面线路松紧适中，左右对称，拉不断线，量尺寸
22	人字包夹圈一周	人字车	DP×5/10#	0.6	针线/尼龙线	12个山0.3cm高	从侧骨位落针，按尺寸包满缝份，不可爆口，接头处包中对齐相踏1.5cm并留长包边巾打枣，底面线路松紧适中，左右对称，拉不断线，量尺寸
23	枣车锁包边巾口3个	枣车	DP×5/12#	0.2	针线/针线	36	将包边巾散口折入沿边0.2cm锁，左右对称，不可有凸角
24	剪线						剪40个线头连拉断及挑走前后幅单针假线
25	1. 留意尺寸要准确、整洁、平服、对度要一致、不能拉断线（以拉尽布不断线为准）； 2. 留意布料易钩纱、烂； 3. 勤换针						

制表：　　　　　　　　审核：　　　　　　　　批准：

2. 推板

档差：胸围 4cm、腰围 4cm、臀围 4cm、前中 1cm、后中 1cm、侧缝 1cm、比围 1cm、底浪通用。

放码，如图 5-35、图 5-36 所示。

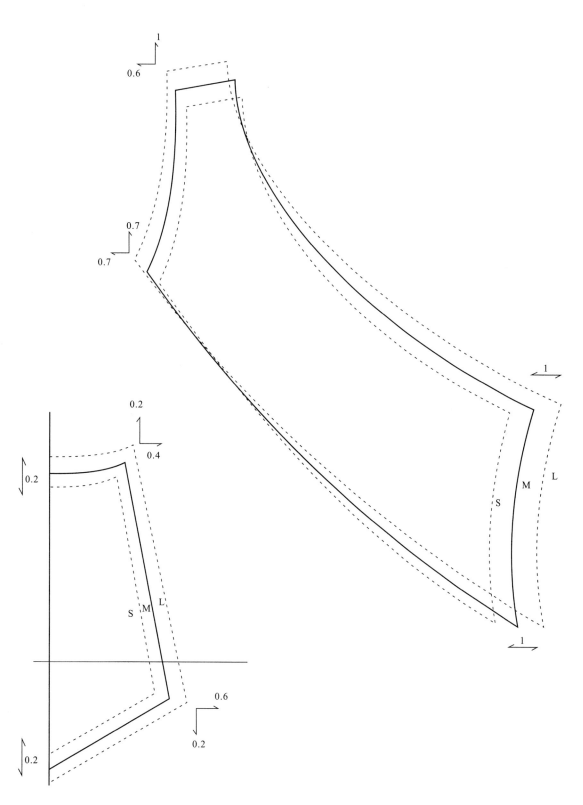

图5-35

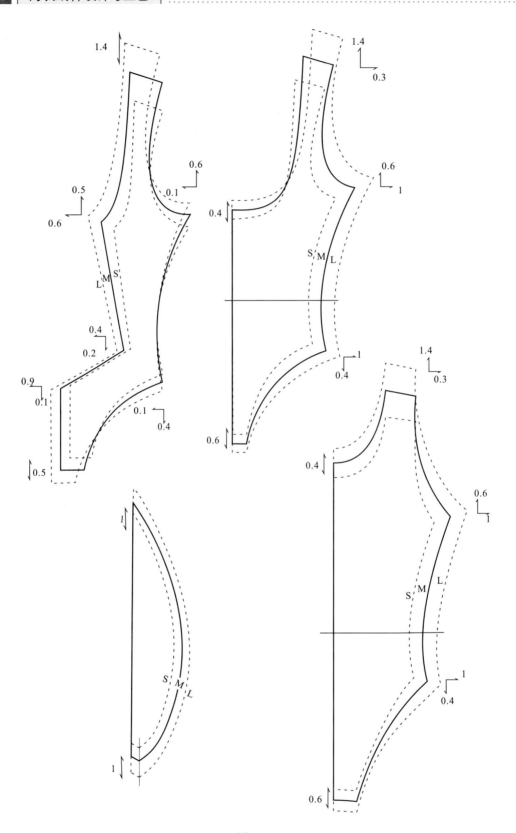

图5-36

3. 课后作业

根据提供的连体塑身衣实物图绘制 M 规格 1：1 比例工业纸样。

第三节 腰封纸样与工艺

一、腰封基本纸样与工艺

1. 根据YZTZX05#款式图及75B规格绘制1：1比例工业纸样

（1）YZTZX05# 款式图，如图 5-37 所示。

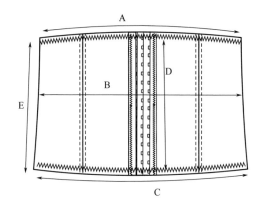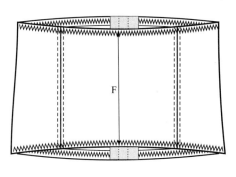

图5-37

（2）成品尺寸，如表 5-11 所示。

表5-11 　　　　　　　　　　　　　　　　　　　　　　单位：cm

A下胸围	60	C下摆围	68	E侧缝长	22
B腰围	56	D前中长	24	F后中长	20

（3）采用的材料：主面料采用弹力网布。

（4）工艺分析：下胸围、下摆采用人字拉丈巾工艺，前后侧采用双针开骨工艺。

（5）制图方法。

①上下比拉丈巾工艺回缩量按照每 10cm 成品含 1cm 的比例取值。

②注意下摆省道的处理。

③注意下摆弧线是否圆顺。

净样制图，如图 5-38 所示。

（6）纸样检查（下摆弧线），如图 5-39 所示。

（7）制作面料裁剪样板，如图 5-40、图 5-41 所示。

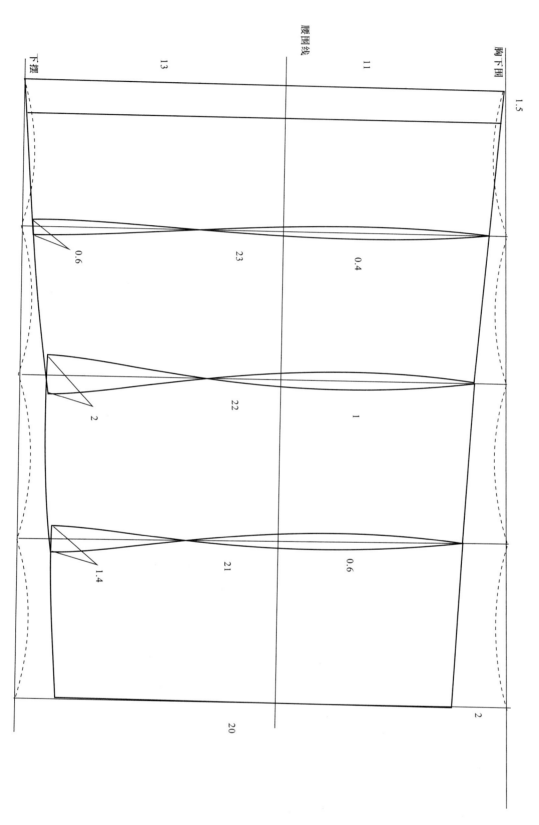

图5-38

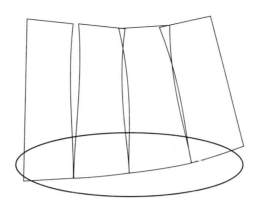

图5-39

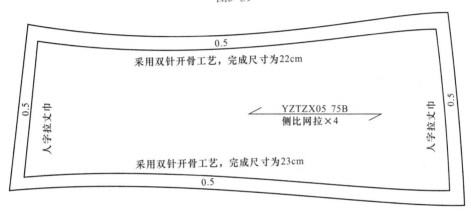

0.5

采用双针开骨工艺，完成尺寸为22cm

0.5　人字拉丈巾

YZTZX05 75B
侧比网拉×4

人字拉丈巾　0.5

采用双针开骨工艺，完成尺寸为23cm

0.5

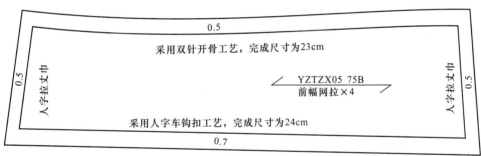

0.5

采用双针开骨工艺，完成尺寸为23cm

0.5　人字拉丈巾

YZTZX05 75B
前幅网拉×4

人字拉丈巾　0.5

采用人字车钩扣工艺，完成尺寸为24cm

0.7

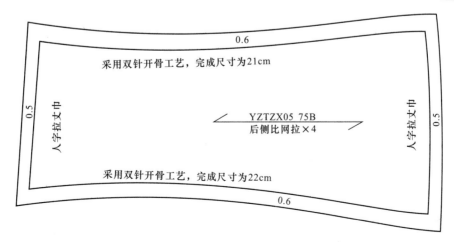

0.6

采用双针开骨工艺，完成尺寸为21cm

0.5　人字拉丈巾

YZTZX05 75B
后侧比网拉×4

人字拉丈巾　0.5

采用双针开骨工艺，完成尺寸为22cm

0.6

图5-40

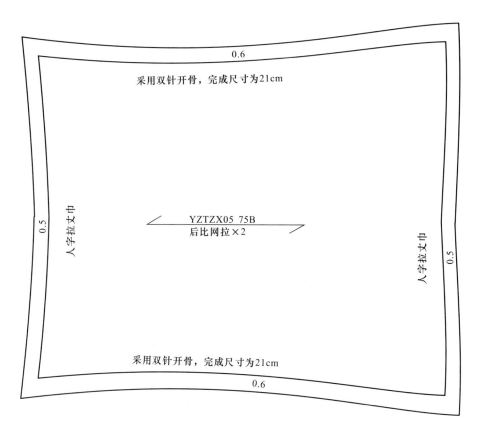

0.6

采用双针开骨，完成尺寸为21cm

人字拉丈巾   0.5

YZTZX05 75B
后比网拉×2

人字拉丈巾   0.5

采用双针开骨，完成尺寸为21cm

0.6

图5-41

（8）产品工艺表，如表5-12所示。

表5-12

盐步职业技术学校							
产品工艺表							
客款号：YZTZX05			款式：基本腰封				
公司款号：××			日期：201×年×月×日				
序号	工序名称	车种	针型	缝份（cm）	面/底线	针数（3cm）	工艺要求
1	打栋比捆条（5/16）双针用	双针车	DP×5/10#	0.1	针线/针线	14	针位踩住捆条边，环口紧贴
2	单针埋前幅骨	单针车	DB×1/9#	0.4	针线/针线	14	头尾对齐并还针，缝份均匀，线路松紧适中，完成平服，左右对称，与原裁片等长
3	5/16双针开前幅骨	双针车	DP×5/10#	0.1	针线/针线	14	上下距边0.6cm还针，缝份左右分开，正面不可大小边，反面不可大小边，线路松紧适中，缝份均匀，完成与原裁片等长
4	单针埋左右侧骨及后幅骨共4道	单针车	DB×1/9#	0.4	针线/针线	14	头尾对齐并还针，缝份均匀，线路松紧适中，完成平服，左右对称，与原裁片等长

续表

序号	工序名称	车种	针型	缝份（cm）	面/底线	针数（3cm）	工艺要求
5	5/16双针开左右侧骨及后幅骨共4道	双针车	DP×5/10#	0.1	针线/针线	14	上、下比距边0.6cm还针，缝份左右分开，缝份均匀，正面不可大小边，线路松紧适中，完成与原裁片等长
6	枣车锁下脚栋比口共6个	枣车	DP×5/12#	0.7	针线/针线	42	沿布边入0.7cm锁，不可落坑，锁尽捆条宽度，完成平服，左右对称，不可凸角
7	手工剪下脚捆条口共6个						沿布边入0.6cm剪
8	人字拉下脚丈根	人字车	DP×5/10#	0.5	针线/针线	12个山0.3cm高	按尺寸车缝，缝份均匀，线路松紧适中，完成左右对称，拉不断线，量尺寸
9	人字襟下脚丈根	人字车	DP×5/10#	0.1	针线/针线	12个山0.3cm高	按尺寸车缝，拔平面布，不可扭纹，沿丈根边0.1cm缝份车缝，缝份均匀，栋比位定位跳针，线路松紧适中，线路不可起耳仔，完成平服
10	手工穿鱼鳞骨共6条						按尺寸穿，穿在贴肉计第三层，不可错码
11	枣车锁上比捆条口共6个	枣车	DP×5/12#	0.7	针线/针线	42	沿布边入0.7cm锁，不可落坑，锁尽捆条宽度，完成平服，左右对称，不可凸角
12	手工剪上比捆条口共6个						沿布边入0.6cm剪
13	人字拉上脚丈根	人字车	DP×5/10#	0.5	针线/针线	12个山0.3cm高	按尺寸车缝，缝份均匀，线路松紧适中，完成左右对称，拉不断线，量尺寸
14	人字襟上脚丈根连放唛头	人字车	DP×5/10#	0.1	针线/针线	12个山0.3cm高	按尺寸车缝，拔平面布，不可扭纹，沿丈根边0.1cm缝份车缝，缝份均匀，栋比位定位跳针，线路松紧适中，线路不可起耳仔，完成左右对称，拉不断线，量尺寸，穿身计右后中布上比位放唛头
15	人字车勾圈	人字车	DP×5/12#		针线/针线	18个山0.3cm高	缝份均匀，线路平直，两侧落坑还针锁至尾
16	剪线						剪40个线头
17	1. 留意尺寸要准确、整洁、平服、对度要一致、不能拉断线（以拉尽布不断线为准）； 2. 留意布料易钩纱、烂； 3. 勤换针						

制表：　　　　　　　　审核：　　　　　　　　　　　　批准：

2.推板

档差：下围4cm、前中1cm、前侧0.8cm、侧缝0.6cm、后侧0.4cm、后中通用。

放码，如图5-42所示。

3.课后作业

根据提供的腰封款式图（图5-43）和绘制75B规格1∶1比例工业纸样，尺寸自定。

注：面料为弹力花边、弹力印花网布。

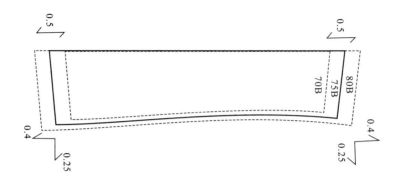

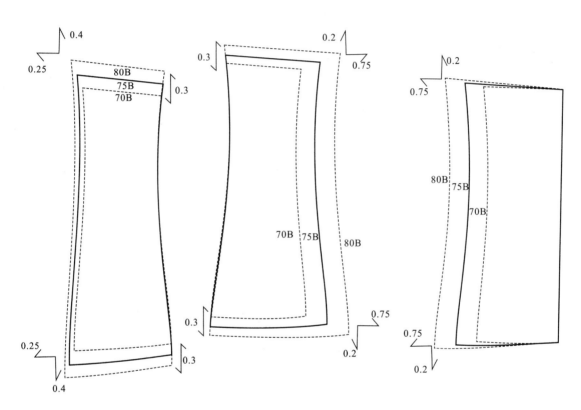

图5-42

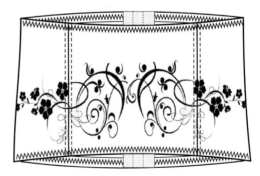

图5-43

二、腰封变化款式纸样与工艺

1. 根据YZTZX06#款式图及75B规格绘制1:1比例工业纸样

（1）YZTZX06# 款式图，如图 5-44 所示。

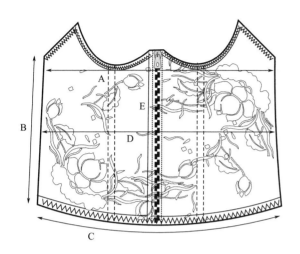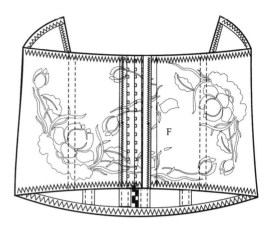

图5-44

（2）成品尺寸，如表 5-13 所示。

表5-13 单位：cm

A下胸围	58	C下摆围	62	E前中长	25
B侧缝长	27	D腰围	56	F后中长	20

（3）采用的材料：主面料采用弹力网拉、弹力花边以及拉链。

（4）工艺分析：下摆、下胸围采用人字拉丈巾工艺、前中装拉链。

（5）制图方法。

①拉丈巾工艺回缩量按照每 10cm 成品含 1cm 的比例取值。

②注意腰围线的确定，在胸下围线下 11cm 处。

③注意下摆省道的处理以及弧线是否圆顺。

④注意制图线条的美观。

净样制图，如图 5-45 所示。

（6）纸样检查（下摆弯弧线是否圆顺），如图 5-46 所示。

（7）制作面料裁剪样板，如图 5-47 所示。

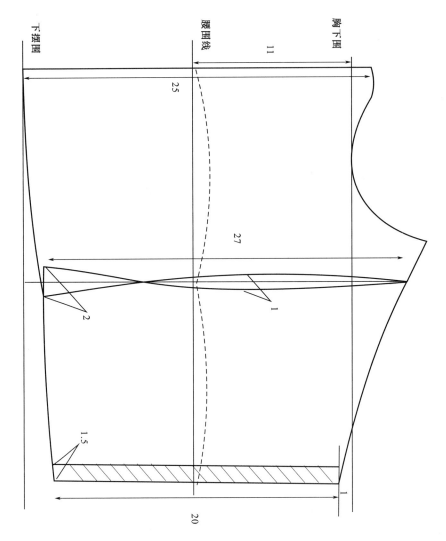

图5-45

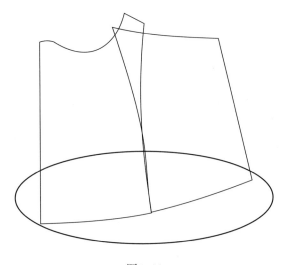

图5-46

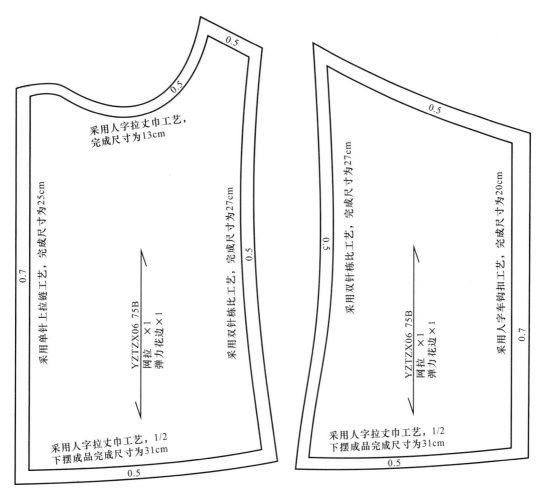

图5-47

（8）产品工艺表，如表5-14所示。

表5-14

盐步职业技术学校							
产品工艺表							
客款号：YZTZX05			款式：变化腰封				
公司款号：××			日期：201×年×月×日				
序号	工序名称	车种	针型	缝份（cm）	面/底线	针数（3cm）	工艺要求
1	打栋比捆条（5/16）双针用	双针车	DP×5/10#	0.1	针线/针线	14	针位踩住捆条边，环口紧贴
2	单针埋前幅骨	单针车	DB×1/9#	0.4	针线/针线	14	头尾对齐并还针，缝份均匀，线路松紧适中，完成平服，左右对称，与原裁片等长

序号	工序名称	车种	针型	缝份（cm）	面/底线	针数（3cm）	工艺要求
3	5/16 双针开前幅骨	双针车	DP×5/10#	0.1	针线/针线	14	缝份倒向后幅，头尾还针，缝份均匀，正面不可大小边，反面不可大小边，下脚距边0.6cm还针，线路松紧适中，缝份均匀，完成与原裁片等长
4	1/4 双针行单线包前弯位	双针车	DP×5/10#	0.1	针线/针线	14	用 1/4 双针拆掉一根针车，按尺寸车缝，包满缝份，不可爆口，捆条不可大小边，线路松紧适中，完成左右对称，量尺寸
5	单针埋左右侧骨及后幅骨共4道	单针车	DB×1/9#	0.5	针线/针线	14	头尾对齐并还针，缝份均匀，线路松紧适中，完成平服，左右对称，与原裁片等长
6	5/16 双针开左右侧骨及后幅骨共4道	双针车	DP×5/10#	0.1	针线/针线	14	缝份倒向后幅，距骨缝边0.1cm车缝，缝份均匀，反面捆条不可大小边，上、下比距边0.6cm还针，线路松紧适中，完成平服、左右对称、与原裁片等长
7	手工穿前幅鱼鳞骨共2条						按尺寸穿，穿在贴肉计第三层，不可错码
8	枣车锁下脚栋比口共6个	枣车	DP×5/12#	0.7	针线/针线	42	沿边0.7cm锁，锁尽捆条阔度，完成平服，左右对称，不可凸角
9	手工剪下脚捆条口共6个						沿布边入0.6cm剪
10	人字拉下脚丈根	人字车	DP×5/10#	0.5	针线/针线	12个山0.3cm高	按尺寸车缝，缝份均匀，线路松紧适中，完成左右对称，拉不断线，量尺寸
11	人字襟下脚丈根	人字车	DP×5/10#	0.1	针线/针线	12个山0.3cm高	拔平面布，不可扭纹，沿丈根边0.1cm襟线，前中距边0.7cm定针并偷空0.7cm丈根口，缝份均匀，栋比位定位跳针，线路松紧适中，完成左右对称，拉不断线，量尺寸
12	单针上拉链	单针车	DB×1/9#	0.7	针线/针线	14	头尾对齐，缝份均匀，线路松紧适中，注意上比链口要车好，链头距顶边0.5cm，并要修剪少许缝份，完成与原裁片等长
13	5/16 栋前幅拉链边共2道	双针车	DP×5/10#	0.1	针线/针线	14	头尾还针，缝份倒向后幅，沿边0.1cm车缝，缝份均匀反面捆条不可大小边，线路松紧适中，完成平服、左右对称、与原裁片等长
14	手工穿鱼鳞骨共6条						按尺寸穿，穿在贴肉计第三层，不可错码
15	枣车锁上、下栋比口共8个	枣车	DP×5/12#	0.7/0.1	针线/针线	42	前中栋比位头尾口沿边0.1cm锁，上比栋比口距边0.7cm锁，锁尽捆条宽度，完成平服，左右对称，不可凸角
16	手工栋比捆条口共8个						前中栋比位沿边剪，上比栋比口距布边入0.6cm剪
17	人字拉上脚丈根	人字车	DP×5/10#	0.5	针线/针线	12个山0.3cm高	按尺寸车缝，缝份均匀，线路松紧适中，完成左右对称，拉不断线，量尺寸
18	人字襟上脚丈根	人字车	DP×5/10#	0.1	针线/针线	12个山0.3cm高	拔平面布，不可扭纹，沿丈根边0.1cm襟线，栋比位定位跳针，缝份均匀，线路松紧适中，完成左右对称，拉不断线，量尺寸

续表

序号	工序名称	车种	针型	缝份 （cm）	面/ 底线	针数 （3cm）	工艺要求
19	人字锁上比丈根口	人字车	DP×5/10#		针线/针线	42个山0.3cm高	落坑密锁住散口，不可凸角
20	人字车后中勾圈	人字车	DP×5/12#	0.7	针线/针线	18个山0.3cm高	缝份均匀，线迹平直，两侧落坑还针锁至尾
21	剪线						剪40个线头
22	1. 留意尺寸要准确、整洁、平服、对度要一致、不能拉断线（以拉尽布不断线为准）； 2. 留意布料易钩纱、烂； 3. 勤换针						

制表：　　　　　审核：　　　　　批准：

2. 推板

档差：下围 4cm、前中 1cm、前侧 1cm、后中通用。

放码，如图 5-48 所示。

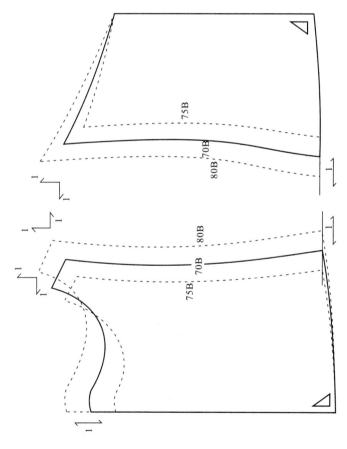

图5-48

3. 课后作业

根据自己提供的实物腰封绘制 75B 规格 1：1 比例工业纸样。

参考文献

[1] 印建荣 . 内衣结构设计教程 [M]. 北京：中国纺织出版社，2006.

[2] 常建亮 . 内衣纸样设计原理与实例 [M]. 上海：上海科学技术出版社，2007.

[3] 柴丽芳，许春梅 . 内衣结构设计与纸样 [M]. 上海：东华大学出版社，2013.

[4] 孙恩乐 . 内衣设计 [M]. 北京：中国纺织出版社，2008.